Diesellok-Raritäten

Es hat keineswegs an kritischen Stimmen gefehlt, die der Diesellokomotive schlicht das Recht absprachen, gegenüber der Dampflokomotive wesentliche praktische Vorzüge gebracht zu haben.
Daß aber die Entwicklung der Verbrennungsmotor-Lokomotive sowohl ihre Konstrukteure als auch ungezählte Bahnbetriebswirtschaftler veranlaßte, gewohntes „Dampfmaschinen-Denken“ zu verändern und damit half, einen schrittweisen Übergang in eine neue Eisenbahn-Technologie zu vollziehen, steht weithin außer Zweifel.

Wolfgang Messerschmidt

Diesellok-Raritäten

Stationen einer internationalen Entwicklung

Mit 114 Fotos auf Kunstdrucktafeln
und
26 Zeichnungen im Text

Franckh'sche Verlagshandlung Stuttgart

Das Bild zeigt die Diesellokomotive V 320 001 im Dienst der Deutschen Bundesbahn. Die hier im Januar 1968 in Ulm fotografierte Lokomotive war bis zum Jahre 1963 die stärkste dieselhydraulische Lokomotive der Welt — eine Prototypkonstruktion, die nie einen Serienbau erlebte (Foto: Messerschmidt)

CIP-Kurztitelaufnahme der Deutschen Bibliothek

Messerschmidt, Wolfgang:
Diesellok-Raritäten : Stationen e. internat. Entwicklung / Wolfgang Messerschmidt. — Stuttgart : Franckh, 1980.
ISBN 3-440-04813-6

Diesellok-Raritäten

Zur Einführung: Die Risikobereitschaft der Konstrukteure

Dem Wunsch vieler in- und ausländischer Leser, den beiden Büchern „Dampflok-Raritäten“ (1974) und „Ellok-Raritäten“ (1976) einen Band „Diesellok-Raritäten“ folgen zu lassen, hat der Autor mit der vorliegenden Schrift entsprochen. Er hat es nicht leichten Herzens getan, weil eine geeignete Auswahl für diese Art von „Raritäten-Kabinett“ niemals eine einigermaßen erschöpfende sein konnte und weil sie deshalb manche Erwartungen enttäuschen mußte. Die Interessensphären der internationalen Leserschaft und die gern gesehenen Akzentuierungen sind naturgemäß zu sehr differenziert, um jeden Nachfragewunsch erfüllen zu können. Und so kann diese, als Abschluß einer „Lokomotiv-Raritäten-Trilogie“ zu betrachtende Publikation wiederum eine nur subjektive Selektion von Konstruktionen sein, die sich durch ihre Einmaligkeit, durch ihre verhältnismäßige Seltenheit in der Bauweise, im Verwendungszweck oder in der Wandlungsfähigkeit besonders auszeichnen. Nie verwirklichte Projekte finden mitunter ebenso eine angemessene Würdigung wie imponierende Lokomotivumbauten.

Verschiedenen Fachkennern ist sicher bereits vieles vertraut, manches nicht. Anderen gibt der Band einen Einblick in den Phantasiereichtum, in die Risikobereitschaft und in den Tatendrang der Ingenieure. Er vermittelt auch eine Vorstellung vom Pioniergeist und von den Aktivitäten, beflügelt durch die technisch orientierte Leidenschaft des Menschen.

Der Verfasser macht keinerlei Hehl daraus, daß er ein nicht ganz wertungsfreies und nicht nach strengen Chronologieregeln entworfenes Auswahlkompendium geschaffen hat, das aber — wie die Vorgängerbände — viele interessante Triebfahrzeuge, sei es nur in ihren bildlichen Darstellungen, der Vergessenheit entreißen will.

Finden wir uns also notgedrungen mit inhaltlichen Einschränkungen ab und denken wir auch an diejenigen Zeitgenossen unter uns, die manche der uns hier begegnenden Entwicklungen unter dem modernen Begriff der Innovation einordnen würden. Es wird klar, mit welcher Risikofreude sowohl Konstrukteure als auch Unternehmen und Geldinstitute ihre Wege zum angestrebten Erfolg beschritten. Als reales Ergebnis standen oft ganz ungewollt zahlreiche bedeutsame Lokomotiv-Raritäten auf den Schienen. Und man sah solche verheißungsvollen Baumuster als Schrittmacher für zukünftige Entwicklungen, als Versuchsfahrzeuge von kurzer Lebensdauer oder aber als ganz gewöhnliche Fehlkonstruktionen, die mitunter recht schnell im Schrott oder bestenfalls im Museum endeten. Manche unserer mit viel Schweiß geborenen Diesellokomotiven wurden mit Superlativen vorgestellt und angepriesen, obwohl dabei kaum jede genannte Größenordnung und Dimension weltweiten Nachprüfungen standhielten.

Wie dornenvoll der Weg von der Dampflokomotive zum Benzin- und Gasmotor-Triebfahrzeug, darüber hinaus zur speziellen Reichgas- und zur *zeitgemäßen* Diesellokomotive war, wissen wohl nur ihre Schöpfer und Beteiligten. Zeitgemäß? Das ist hier die Frage. Die „gestrige“ Lokomotivindustrie ist nicht die morgige. Unerbittlich scheinen Energieengpässe auf uns zuzukommen. Die konstruktiven Ermessensspielräume in Entwurf und Praxis des Motorenbaues werden sicherlich nicht größer. Seit Jahren werden uns bereits warnende Begleitumstände beschert, die uns keinesfalls von existenziellen Ängsten befreien, die statt dessen dazu zwingen, immer neue, oft unvorhergesehene Probleme zu lösen.

Bequemlichkeit können sich auch die Lokomotivkonstrukteure nicht leisten. Die Rechnung für ein munteres „Draufloskonstruieren“, für nur wenig durchdachte Entwicklungen und für planerische Kurzsichtigkeit würde ihnen und uns eines Tages präsentiert werden.

Träume und Wirklichkeit des Lokomotivbaues

Erhöhte Wirtschaftlichkeit, Senkung der Wartungskosten, schnellere Einsatzbereitschaft, kürzere Reparaturzeiten, bessere Fahreigenschaften und vielseitige Verwendbarkeit waren einige der wichtigsten und verlockendsten Gesichtspunkte, welche den Anreiz zur Entwicklung von Verbrennungsmotor-Lokomotiven boten.

Die günstigsten Arbeitsverfahren der Brennkraftmaschine, die Abführung und Nutzung der Verlustwärme, die Probleme der Leistungsübertragung und Regelung, die Bedienbarkeit und die Normung beschäftigen auch heute noch die Theoretiker und Praktiker — allen voran ging Rudolf Diesel selbst. Vermeintliche Geburtsfehler der Dampfmaschine verstärkten den Ruf nach der kessellosen Maschine. Allein in Deutschland wurde von der MAN in Augsburg, von der Maschinenfabrik Esslingen, von Deutz in Köln, von Krupp in Essen, von Voith in Heidenheim und von Krauss-Maffei in München — um nur einige zu nennen — bahnbrechende Arbeit auf dem Gebiet der Motorzugförderung geleistet.

Zu den Pioniertaten — und hier sind wir schon bei den Raritäten — gehört beispielsweise die dieselhydraulische 1'C1'-Krauss-Maffei-Lokomotive V 140 der Deutschen Reichsbahn, die nach achtmonatiger Bauzeit mit 1400 PS Motorleistung im Jahre 1935 in Dienst gestellt und 1937 auf der Pariser Weltausstellung präsentiert wurde (Abb. 1). Auch die von Krupp für die norwegische Oslo-Bergen-Linie im Jahre 1941 gelieferte, aber bereits 1938 bestellte 1'BB1'-2000-PS-Zweimotorenlokomotive (Abb. 2) mit Strömungsgetrieben des Systems Lysholm-Krupp zählt — als damals leistungsstärkste dieselhydraulische Lokomotive — zu den Konstruktionsgroßtaten.

Schweizerische Unternehmen beteiligten sich maßgebend an der Geburt der ersten Großdiesellokomotive (Abb. 47) überhaupt. Die Präsenz weltberühmter Firmen, darunter Sulzer, Winterthur, Sécheron und BBC, fehlte auch bei zahlreichen bedeutsamen Exportdiesellokomotiven nicht, und wir werden hierüber noch manches auf den folgenden Seiten erfahren.

In Italien und Frankreich arbeiteten Ansaldo, Alsthom, Zarlatti, Cristiani, die SACM und De Dietrich zwar mit ganz unterschiedlichen Erfolgen, aber fast immer mit der nötigen „Entdeckerfreude", wobei auch an das ehrgeizige Projekt der 1'CC1'-Lavizzari-Bosso-Maschine mit dieselelektrischer Kraftübertragung erinnert wird.

In Großbritannien war es die Lokomotive 10 800, bei der als erste englische Strecken-Diesellokomotive ein schnellaufender Dieselmotor (827 PS bei 1250 U/min) Verwendung fand. Man schrieb das Jahr 1950 als North British, British Thomson Houston und Paxman jene Bo'Bo'-Universallokomotive als „Versuchskaninchen" bauten. Nach zehnjähriger Betriebsdauer schied sie aus dem Dienst. Berühmt wurde die 1955 fertiggestellte Co'Co'-Prototyp-Lokomotive „Deltic" von English Electric. Es soll die erste je gebaute Diesellokomotive mit mehr als 3000 PS, untergebracht in einer einzigen Lokomotiv-Einheit, gewesen sein. Sie hatte Gegenkolbenmotoren (Napier-Deltic) mit drei in der Form eines gleichseitigen Dreiecks angeordneten Zylinderreihen. Es sind 36 Kolben in 18 Zylindern! Die „Deltic" hatte bei 108 t Dienstgewicht eine installierte (Zweitakt-)Motorenleistung von 3300 PS. Die vorerst auf 144 km/h festgesetzte Höchstgeschwindigkeit konnte bald auf 160 km/h gesteigert werden. Obwohl die „Deltic" nach einem schweren Maschinenschaden im Jahre 1961 abgestellt wurde, war ihre Konstruktion das Vorbild einer gewissen Zahl nachfolgender weiterer britischer Deltic-Lokomotiven (Abb. 3, 4).

Erwähnen wir noch Österreich, insbesondere Simmering-Graz-Pauker (Diesellokomotiven für Zahnstangenstrecken, Abb. 5), und die

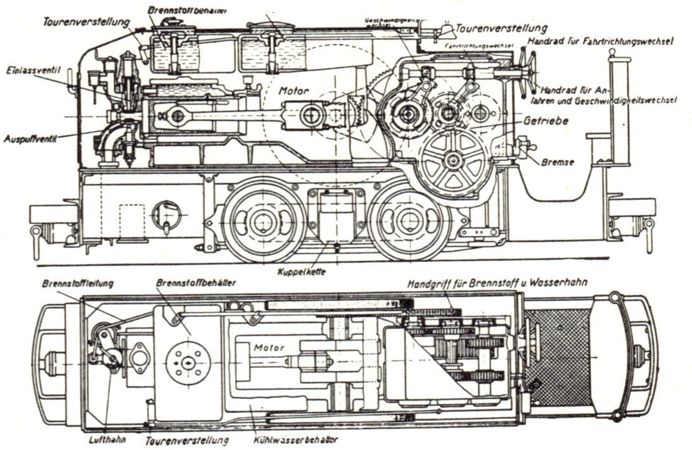

Schnittzeichnung einer Gruben-Diesellokomotive mit liegendem Einzylinder-Motor und Ketten-Kupplung zwischen beiden Radsätzen, 28 PS, Baujahr 1927 (Werkzeichnung: Deutz)

Tschechoslowakei mit den Firmen Ringhoffer-Tatra (Koprivnice) und Cesko-Moravska-Sokolovo, wo die Versuchslokomotiven T 434.0 (später T 436.0) mit Sechszylinder-Reihenmotoren entstanden.

Die außerordentlich zahlreiche Vielfalt von (Sonder-)Lokomotivkonstruktionen, darunter auch die französische 1100-PS-Lokomotive mit Pescara-Freikolbenmotoren, können wir in unserer Publikation nur andeutungsweise und mit der Skizze auf dieser Seite „anbieten". Es gibt ja die unterschiedlichsten Einsatzzwecke und Spurweiten in allen möglichen Industriebetrieben, in Sand- und Torfgruben, auf Hafenbahnen, Bergbahnen und Plantagen.

Baustellen, Tagebaubetriebe, Untertage-(Gruben-)Bahnen, Hüttenwerke, Zementfabriken oder Kiesgrubenbahnen stellen oftmals ganz spezielle Forderungen, die vielfach kaum Serienlokomotiven erfüllen können. Ein konstruktiver Ideenreichtum (Abb. 6—30) äußert sich dann oft in maßgeschneiderten Raritäten. — Schlagwettergeschützte Motoren, Gasturbinen-Zusatzantriebe, führerstandlose Fahrzeuge mit Fernsteuerung, Zweikraft-Antriebe (Abb. 31, 32) oder Mehrfach-Kuppelvorrichtungen machen die Lokomotiventwicklung ebenso „farbig" wie die mechanischen, hydromechanischen, hydrostatischen, hydrodynamischen, elektrischen oder pneumatischen Leistungsübertragungen. Kuppelstangen (Abb. 33—37), innen- oder außenliegende Kettengetriebe, Zahnradübersetzungen, Einzel- und Gruppenantriebe, verbrennungsmotorische Direktantriebe und Zusatzantriebe (Booster) lassen Kombinationsmöglichkeiten zu, die in manchen Fällen zur Rarität führen. Das Army Transportation Corps der USA ließ im Jahre 1951 bei Davenport-Besler in Davenport (Iowa) eine 1B1-Verschiebelokomotive mit zwei Boeing-Gasturbinen und mechanischen Getrieben bauen, eine Entwicklung, die zum

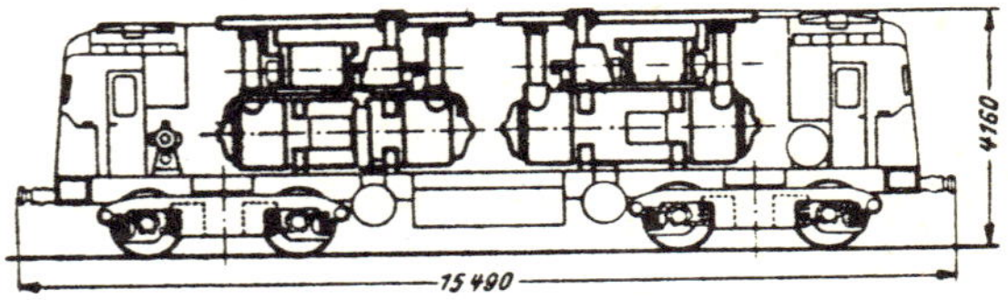

Vierachsige Drehgestell-Lokomotive mit Freikolben-Motoren, System Pescara (Frankreich), Entwurf für eine 1100-PS-Version aus den vierziger Jahren unseres Jahrhunderts (Archiv)

Diesel-Zahnrad-Lokomotive der Bergbahn Chamonix-Montenvers. Die von der Schweizerischen Lokomotiv- und Maschinenfabrik Winterthur (S.L.M.) gebaute 600-PS-Lok hat hydrodynamische Kraftübertragung von Voith, Baujahr 1966 (Bild: Voith)

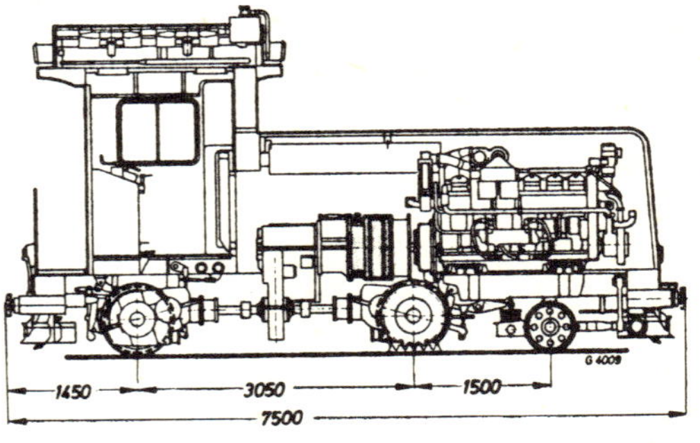

Kolbenmotor zurückführte. Die New York Central Railroad beschaffte im Jahre 1930 bereits als *Dreikraft*-Lokomotive eine Bauart mit Diesel-Generator-Aggregat, mit elektrischer Speicherbatterie für Spitzenbedarf und mit Seitenstromabnehmern für die Energieentnahme aus der (dritten) Stromschiene. In allen drei betrieblichen Anwendungsfällen wird „elektrisch“ gefahren. Manche andere Diesellokomotive ist im In- und Ausland — oft unter der Bezeichnung als Schienentraktor — von Bahnwerkstätten im Eigenbau (Abb. 12) entstanden. Solche Sonderlinge und weitere Lokomotiven wurden auch mitunter auf Firmeninitiative (Abb. 38) oder im finanziell geförderten Entwicklungsauftrag für Erprobungs- und Vorführzwecke gebaut. Wir sehen: die Ursprünge von Raritätenfahrzeugen braucht man nicht lange zu suchen. Auch die in jüngerer Zeit entstandenen dieselelektrischen Lokomotiven mit drehzapfenlosen Laufwerken und Asynchron-Drehstrom-Fahrmotoren der deutschen Prototypbaureihe 202 (002—004) muß man wohl mit einbeziehen. Jene Henschel-BBC-Entwicklungen, die sowohl in ihrer Bordenergieversorgung als auch in der Energieverwertung mit Drehstromkreisen arbeiten, die aber durch ihre unterschiedlichen Frequenzforderungen miteinander „unverträglich“ sind, weisen in die Zukunft. Das Drehstrom-Prinzip funktioniert mit einem Gleichstrom-Zwischenkreis und Thyristoren. Es erfüllt, so hieß es in einer Rheinstahl-Veröffentlichung über das „System Henschel-BBC-DE 2500“, einen Traum der Lokomotivbauer.

Die derart ausgerüsteten Lokomotiven arbeiten weitgehend kontaktfrei. Sie besitzen eine extreme Laufruhe und verfügen über eine optimale Regelbarkeit bei Erreichung maximaler Anfahrzugkräfte (Abb. 39—41).

Vorläuferin war die mit einem 2000-PS-Dieselmotor ausgestattete Siemens-Henschel-Versuchslokomotive DE 2000 des Jahres 1962, die im DB-Erprobungsbetrieb die Nr. 202 001 und dann bei der Westfälischen Landeseisenbahn die Nr. DE 0902 erhielt. Es war die erste dieselelektrische Regelspur-Lokomotive deutscher Technik in dieser Leistungsklasse, bei der auch gleichzeitig, wenn auch in bescheidenem Maße, die Erkenntnisse der elektronischen Regeltechnik mitverwertet wurden. Die Lok hatte eine Siemens-Transidyn-Feldregelung in Verbindung mit einer Simultansteuerung. Das 84 t schwere, mit dynamischer Bremse ausgerüstete Bo'Bo'-Fahrzeug für 120 km/h Höchstgeschwindigkeit besaß einen Gleichstrom-Hauptgenerator mit 1470 kW Dauerleistung und einen Drehstrom-Generator für die Hilfsbetriebe sowie Rohrrahmen-Drehgestelle mit Gleichstrom-Reihenschluß-Motoren. Nach 16 Jahren, im September 1978, wurde das auch formgestalterisch interessante Triebfahrzeug einem Schrottverwertungsunternehmen in Dortmund zugeführt. Damit endete ein hoffnungsvoller Traum der Konstrukteure. Aber so lange Technikdenker von Träumen beflügelt werden, erzeugen sie Ideeen, die hier nur in begrenztem Rahmen mit ihren Verwirklichungen streiflichtartig besprochen werden können. Im übrigen bedürfen manche keiner

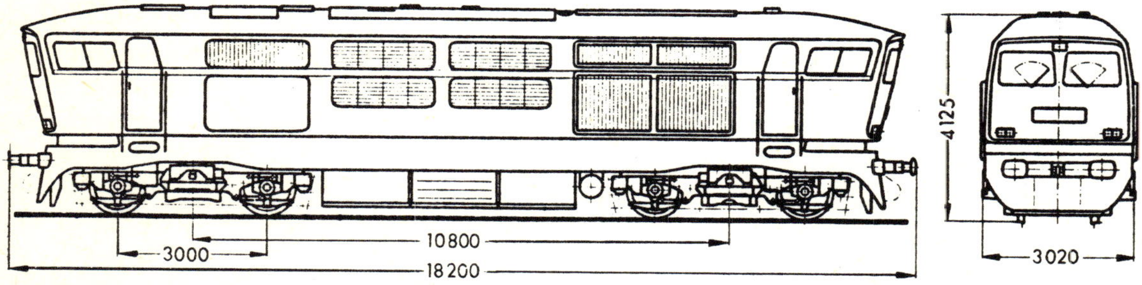

Dieselelektrische Bo'Bo'-Versuchslokomotive DE 2000 (202 001) mit Siemens-Transidyn-Feldregelung und dynamischer Bremse. Dauerleistung viermal 365 kW = 1460 kW (Bild: Siemens)

weitläufigen Erläuterungen, weil unser Bildteil vieles offenbart und allein für sich spricht. — Wenn auch bedeutende Ingenieurunternehmen mit ausländischer Korrespondenz meist schon auf das neue internationale Einheitensystem (SI = Système International d'Unités) übergegangen ist, möge man im vorliegenden Buch notwendigerweise dulden, im wesentlichen beim alten System geblieben zu sein. Unsere Raritätenschau enstand in der noch von neuen Maßsystemen ungetrübten Vergangenheit, und wir müssen uns auf überlieferte, nicht immer übereinstimmende Daten stützen. Und — dieser Hinweis ist nicht überflüssig — auch in der Jetztzeit mit ihren Umstellungsnöten wird verschiedentlich noch mit alten Dimensionen und Ableitungen gerechnet. Das gilt besonders für den britischen Einzugsbereich. Die angloamerikanischen Maße, Längen und Energieeinheiten werden noch für längere Zeit im Gebrauch bleiben.

Aber all das schmälert weder den aus diesem Band sprechenden unternehmerischen Wagemut, noch die hier spürbare entsagungsvolle Arbeit weitsichtiger Ingenieure.

Die „goldenen zwanziger Jahre" und die Diesellokomotiventwicklung

Es hat in den Konstruktionsbüros der in- und ausländischen Lokomotivfabriken, Maschinenbauunternehmen oder in der Motoren- und Elektroindustrie wahrhaftig nicht gefehlt, auf theoretischen und praktischen Wegen nach Lösungen zu suchen, um der Dieselmotorzugförderung zu einem Erfolgskonzept zu verhelfen. Alle bedeutenden Probleme der Anpassung der Leistungskennlinien, des Anfahrens mit dem Dieselmotor unter Last und der wirtschaftlichsten Wirkungsgrade wurden angegangen, mehrfach aufgegriffen und in beachtlichen Teilen gelöst.

Wir kennen die zahllosen Bemühungen deutscher, russischer, schweizerischer, englischer, französischer oder italienischer Ingenieure, eine Leistungs- und Drehmomentübertragung zu finden, die rationell, zuverlässig, betriebssicher und regeltechnisch optimal sein mußte. Man wußte, daß man den Motor und den Zug gemeinsam nur durch eine zusätzliche Hilfsmaschine in Bewegung setzen konnte. Andernfalls gehört zuerst eine lösbare Kupplung zwischen Motorkurbelwelle und Treibradsätze, um den Motor in unbelastetem Zustand anwerfen zu können. Erst danach brauchte man eine zuverlässige hinzuschaltbare Kraftübertragung, die das noch stillstehende Lokomotivfahrwerk mit der sich drehenden Motorwelle stoßfrei kuppeln kann.

Rutschkupplungen und Stufengetriebe konnten nur bei kleineren Leistungen befriedigen, wobei die Zahl der Fahrstufen und Getriebeübersetzungen mit dem Verlauf der hyperbelförmigen Zugkraft-Geschwindigkeits-Kennlinie weitgehend korrespondieren soll.

Mit den verschiedensten Stufengetrieben befaßten sich vor allem Maybach, die Deutsche Getriebe GmbH, die Ardelt-Werke, Mylius (DGG) und Winterthur. Wie wir in diesem Band später noch lesen werden, beschäftigten sich die Konstrukteure darüber hinaus mit Kraftübertragungen durch gas- und dampfförmige Medien. Zarlatti (Dampf-Luft-Gemisch), Cristiani (Dampf), Kitson-Clark (Still-Verfahren mit Diesel-Dampf-Kolbenmaschine) und die Unternehmensgemeinschaftsarbeit Esslingen - Maschinenfabrik Augsburg - Nürnberg (Druckluft) hatten technisch interessante und ideenreiche Triebfahrzeuge (Abb. 42, 44—46) geschaffen, die jedoch aus historischer Sicht inzwischen alle in das „Raritäten-Kabinett" gehören. Es wurden weitere kombinierte Systeme untersucht, zu denen der unmittelbare Antrieb mit elektrischem Zusatzantrieb sowie der unmittelbare Antrieb mit Dampfzusatzantrieb

Entwurf einer 600-PS-Diesellokomotive mit Schneider-Getriebe, Projekt aus dem Jahre 1924

(mit vollständiger Dampfmaschinenanlage) gehören. In der Tschechoslowakei befaßte man sich mit elektromechanischen Kraftübertragungen, wobei für das Anfahren eine elektrische Kupplung zu Hilfe genommen, dann aber mechanisch direkt gekuppelt wird. Dabei dreht sich ein elektrisches Feldsystem eines Stromerzeugers mit der Dieselmotorwelle, während der Generatoranker auf der Abtriebswelle angeordnet ist. Jenes Prinzip führte Entz bereits im Jahre 1905 ein.

Eine verbesserte Anordnung fand Zadnik mit der selbsttätigen Verschiebung der kegelförmigen Anker, womit sich eine Änderung des Luftspaltes und damit der Feldstärke ergab. Die Vervollkommnung der „elektromechanischen Übersetzung" brachte schließlich Sousedik.

Schließlich müssen wir die Pionierleistungen russischer Wissenschaftler auf dem Gebiet der frühen Einführung des Dieselmotors in der Verkehrstechnik würdigen. Namen wie Professor Grinewetzki, Alfons Lipetz, Schelest und Lomonossoff sind in die Lokomotivgeschichte eingegangen.

Was in der Zeit zwischen den beiden Weltkriegen an Diesellokomotiv-Entwicklungs- und Erprobungsarbeit in Europa und in Nordamerika geleistet wurde, ist ein wesentlicher Teil von Technikgeschichte schlechthin, zumal zahlreiche Erkenntnisse und Erfahrungen auf den allgemeinen Fahrzeug- und Maschinenbau übertragen werden konnten.

Es gab Diesellokomotiven mit bemerkenswerten Flüssigkeitsgetrieben, darunter zuerst die Bauarten Janney, Lentz, Schneider, Meineke und Lauf-Thoma. Das Lentz-Getriebe fand in seiner ursprünglichen Bauart erstmals im Lokomotivbau im Jahre 1921 bei einer kleinen 30-PS-Gmeinder-Diesellokomotive eine dankbare Anwendung. Als zweite „Lentz-Diesellokomotive" folgte ein 120-PS-Triebfahrzeug der Linke-Hofmann-Werke, das am 28. März 1923 auf Probefahrt ging. Es folgte 1923 eine weitere Diesellok mit Lentz-Getriebe von der Grazer Maschinenfabrik für den Eigenbedarf. Jene 60-PS-Lok machte sogar Versuchsfahrten in England. Schließlich zeigte Henschel in Kassel auf der Ausstellung in Seddin im Jahre 1924 eine weitere Lentz-Diesellokomotive.

Die „Motorlokomotiv - Verkaufsgesellschaft

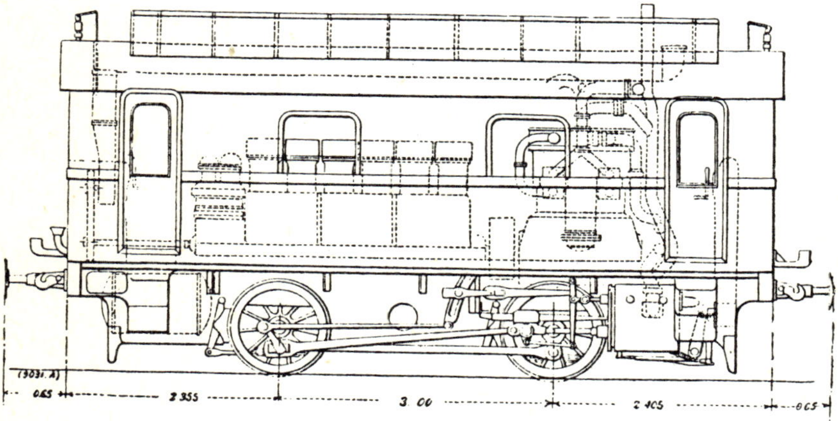

220-PS-Diesellokomotive mit Abgas-Übertragung, Bauart Maschinenbau AG Görlitz, Baujahr 1924, Fahrzeugteil von Schwartzkopff (Archiv)

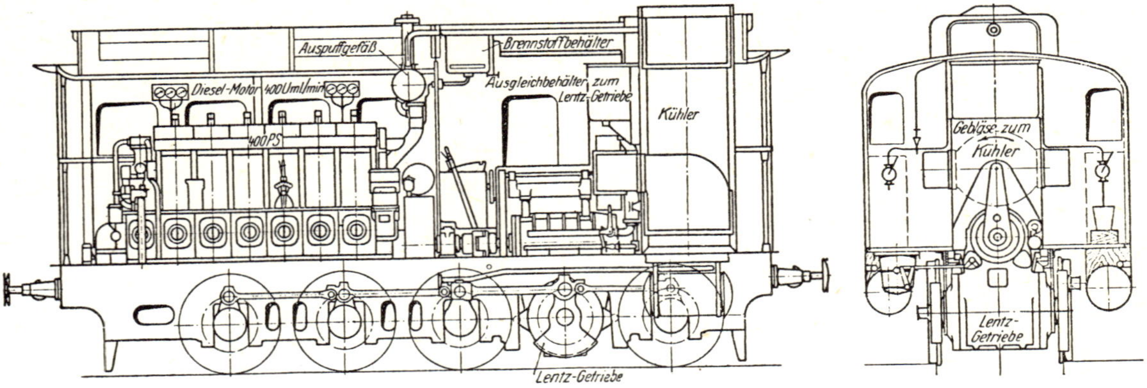

400-PS-Diesellok mit hydrostatischer Kraftübertragung, System Lentz, Projektbild von 1924 (Archiv)

Rechts: 200-PS-Diesellok mit hydrostatischer Kraftübertragung, System Schwartzkopff-Huwiler, Baujahr 1924 (Archiv)

Unten: Karlsruher 160-PS-Diesellok für die Deutsche Reichsbahn, Lentz-Getriebe, Vierzylinder-Viertakt-Motor, Baujahr 1924, spätere Lokomotiven V 16 001—003. Die Lokbauart war für Verschiebedienste in den RAW Brandenburg-West und Schwetzingen sowie bei der RBD Königsberg gedacht. (Archiv)

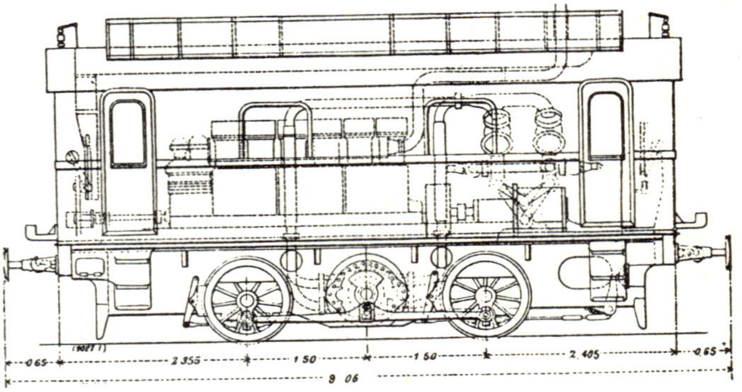

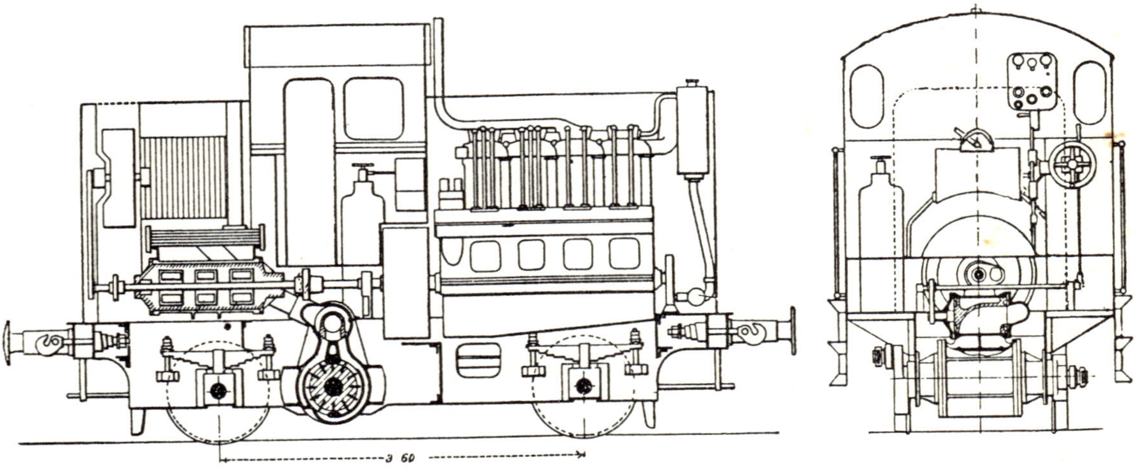

Baden" arbeitete unter Mitwirkung des damaligen Eisenbahn-Zentralamtes in Zusammenarbeit mit der Maschinenbaugesellschaft Karlsruhe das Lentzsche Getriebe um und schuf eine Variante als „Lentz-Schumacher-Getriebe". Sowohl die Deutsche Reichsbahn als auch die Städtische Bahn von Tilsit und die italienische Regierung bestellten Lokomotiven (Abb. 43) mit dieser abgewandelten Lentz-Getriebe-Bauart. Der Bau erfolgte bei den drei Initiativfirmen Maschinenbau-Gesellschaft Karlsruhe, Motorenwerke Mannheim AG und Badische Lokomotivwerke AG (Mosbach). Die Reichsbahn beschaffte Lokomotiven mit den Betriebsnummern V 6001—6003 (dann V 16001—003) für 160 PS. Italien hatte ebenfalls drei Einheiten beschafft. Es waren 1C1-Lokomotiven der Betriebsnummern A.1—A.3 (FS), wovon eine nach Sardinien kam und die beiden anderen für das Kolonialbahnnetz in Afrika bestimmt waren. Alle Lokomotiven sind in Karlsruhe montiert worden und wurden Mitte der zwanziger Jahre in Dienst gestellt.

Das Schumacher-Getriebe gestattete eine stete Veränderung der Zugkraft (ähnlich wie bei Janney), und es kam ohne Zusatzeinrichtung zum Fahrtrichtungswechsel aus. Der Schwartzkopff-Ingenieur Huwiler griff ebenfalls das Lentz-Getriebe zur Fortentwicklung auf und brachte in eine Umkonstruktion die kontinuierliche Veränderung der Getriebeübersetzung ein. Es sind Huwiler-Lokomotiven und — in Kanada — auch eine Lokomotive mit Williams-Janney-Getriebe verwirklicht und erprobt worden. Doch die zwanziger Jahre verzeichneten eine Entwicklungsstufe, die zu den Schlußfolgerungen führte, daß alle diese mit relativ hohen Öldrücken arbeitenden hydrostatischen Kraftübertragungen nur für kleinere Lokomotivleistungen brauchbar sind, weil die Leitungen und die sonstigen Übertragungselemente nicht dicht zu halten waren. Auch die im Jahre 1925 bei der Hanomag fertiggestellte „Rohöl-Motorlokomotive“ mit Lauf-

Dreikuppler-Rohöl-Motorlokomotive mit hydrostatischer Kraftübertragung, Bauart MWF-Hanomag, Baujahr 1925 (Archiv)

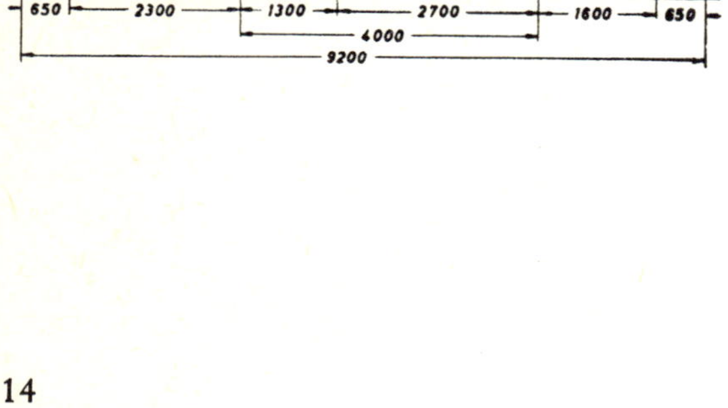

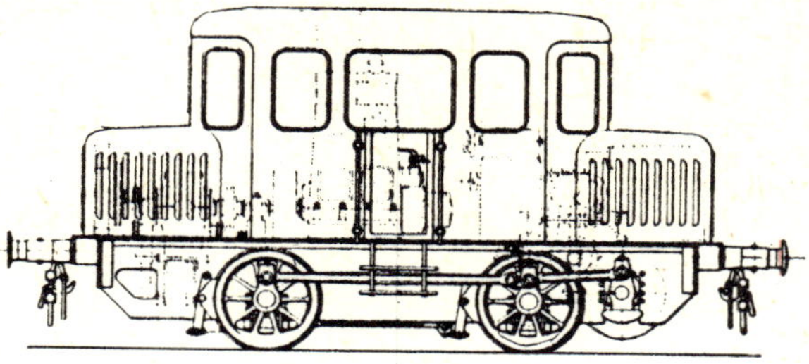

Zweiachsige Motorlokomotive der Magdeburger Werkzeugmaschinenfabrik (MWF) mit Thoma-Getriebe, gebaut in der ersten Hälfte der zwanziger Jahre (Archiv)

Thoma-Getriebe (Magdeburger Werkzeugmaschinenfabrik) endete schon bald nach den Probefahrten auf dem Schrottplatz. Die Hydrostatik hatte im Lokomotivbau erst nach dem Zweiten Weltkrieg ihre große Zeit. Schweizerische, deutsche und italienische Unternehmen entwickelten jenes Kraftübertragungssystem zur Betriebs- und Serienreife. Inzwischen haben die italienischen Eisenbahnen und zahlreiche Privatbahnen Diesellokomotiven mit hydrostatischer Übertragung in beachtlichen Stückzahlen im Betrieb. Mit den vereinheitlichten Axialkolben-Einheiten und den zugehörigen Rohrleitungen sind Drücke bis weit über 120 kg/cm² sicher beherrschbar. Die Getriebebauarten „Hydro-Titan“, „Hydro-Gigant“ oder „Hydro-Titan/De Roll“ sind in die Geschichte des Maschinenbaues eingegangen. Ausgangsperiode für diese fruchtbare, aber langwierige Entwicklung waren die einfallsreichen Stunden der Konstrukteure in den Konstruktionsbüros der „Goldenen zwanziger Jahre“. Freilich hatte man in der Weltwirtschaftskrise Ende der zwanziger und Anfang der dreißiger Jahre mehr Zeit zum Nachdenken und zum „papiernen“ Durchzeichnen einzelner Projekte als in der Hektik der Hochkonjunktur.

Gase und Dämpfe für die Kraftübertragung

In einer Zeit der zwanziger und frühen dreißiger Jahre unseres Jahrhunderts meldeten sich immer wieder Fachleute, die sich im Recht glaubten und meinten, die mechanischen Kraftübertragungen mit Hilfe von Stufen- und Umsteuergetrieben einschließlich elektromagnetischer und hydraulischer Kupplungen seien für Lokomotiven im mittelschweren und schweren Streckendienst unzuverlässig und kaum diskutabel. Der elektrischen Drehmomentübertragung mit Generator und Fahrmotoren gab man ebenfalls nur ganz geringe Chancen, weil sie zu teuer und zu „gewichtig", also zu schwer sei. Es waren noch die Jahre der „klassischen Kolbendampflokomotiven", auf deren Triebwerk und Robustheit man sich verlassen konnte. Und verschiedentlich spielten gewitzte Konstrukteure mit den Gedanken, sowohl den Rahmen als auch das Fahrgestell von Dampflokomotiven für Diesellokomotiven mit Druckluft- oder Gasgemisch-Übertragung zu benutzen. Der italienische Ingenieur Zarlatti gehörte zu den Verfechtern solcher Ideen. Er verwirklichte schließlich seine Gedanken, ein Dampf-Luft-Gemisch als Übertragungsmedium zu verwenden. Er ließ den Dieselmotor einen zweistufigen Kompressor antreiben, der Luft ansaugt und auf etwa 8 kg/cm² verdichtet und in einen sogenannten Sättigungsbehälter preßt, worin sich Dieselmotor-Kühlwasser befindet. Die Luft reicherte sich im Wasserdampf an, indem sie gezwungen wurde, durch das Kühlwasser hindurchzuströmen und es abzukühlen. Das somit entstehende Dampf-Luft-Gemisch erreichte Temperaturen bis zu ungefähr 100 Grad Celsius. Ein Überhitzer heizte dann mit Hilfe der Motorabgase das Gemisch auf rund 190 bis 200 Grad Celsius auf. Über den Lokomotivregler konnte nun das Dampf-Luft-Gemisch den Arbeitszylindern wie bei einer Kolbendampflokomotive (Abb. 42) zugeführt werden. Das danach die Zylinder verlassende Auspuffgemisch wurde zum Spülen der Zylinder des Zweitakt-Dieselmotors verwendet.

Die Dampf-Luft-Mischung verhielt sich im Hinblick auf die Eisbildung während der Expansion anders als ungemischte Außenluft. Die Zarlatti-Gesellschaft hatte die günstigste Mischung ermittelt, bei der eine Vereisung der Zylinderwandungen nicht eintrat. So baute man zunächst in den Jahren 1923/1924 eine leichte 50-PS-Zarlatti-Lokomotive für die Società Romana per le Ferrovie del Nord, bei welcher ein Übertragungswirkungsgrad von 20% festgestellt werden konnte. Den Dieselmotor mit Kompressor montierte man auf dem Schlepptender. Das verdichtete Übertragungsmedium wurde in den Lokomotivkessel gedrückt, so daß die gewohnte Dampflokomotive nahezu erhalten blieb. Und darin gipfelte auch der Grundgedanke von Zarlatti. Er wollte vorhandene Dampflokomotiven nach seinem System umbauen und damit wirtschaftlicher machen. Ein von Dr. Ing. H. Brown nach Berechnungen von Professor A. Anastasi (Rom) aufgestelltes Wärmediagramm für die Zarlatti-Lokomotive zeigt, daß rechnungsmäßig noch 21% der im Brennstoff enthaltenen Energie am Radumfang zur Verfügung stehen. Schon drei Jahre nach dem Bau der 50-PS-Zarlatti-Lokomotive wagte man sich an die Umkonstruktion einer viel größeren Tenderlokomotive, Betriebsnummer 910 042 der Italienischen Staatsbahnen, unter Beibehaltung von Fahrzeugrahmen, Triebwerk und Steuerung. Den Umbau besorgte die Zarlatti-Gesellschaft in La Spezia. Ein Sechszylinder-Zweitakt-Unterseeboot-Dieselmotor von Fiat und ein gekuppelter zweistufiger Winterthurer Kreiselverdichter kamen an Stelle des Langkessels auf den Lokomotivrahmen. Als Dampferzeuger diente ein kleiner ölgefeuerter Überhitzer-Hilfskessel. Probefahrten wurden im Jahre 1927 auf der Strecke Rom — Ostia und zwischen Benevento und Cancello in Süditalien durchgeführt. Jene Versuchsfahrten, bei welchen der Motor etwa 350 PS hergab, ließen Brennstoffersparnisse gegenüber der Normal-Dampflokomotive von ungefähr 50% (bezogen auf den Preis) erkennen.

Eine reine Dampf-Kraftübertragung gab in jenen Jahren Cristiani an. Dabei sollte der Dampf einen geschlossenen Kreislauf durchströmen, wobei er in einem Kessel durch die Dieselmotorabgase erhitzt wird, um danach in den Lokomotivzylindern zu expandieren und um im nachgeschalteten Zwischenkühler auf niedrigere Temperatur gebracht und vom Kompressor wieder angesaugt und in den Kessel gedrückt zu werden. In der zweiten Hälfte der zwanziger Jahre, als Zarlatti an seiner zweiten Realisierung arbeitete, waren auch die Cristiani-Projekte längst konstruktions- und baureif. Cristianis Versuche begannen immerhin schon 1921, wobei er den Umbau vorhandener Dampflokomotiven anstrebte. Er gewann die Verwaltung der Ferrovie Nord Milano und — zur Finanzierung — eine reiche italienische Privatbank, um im Jahre 1923 bei den Officine Meccaniche Miani Silvestri (Mailand) mit dem Bau einer laufachslosen Vierkuppler-Lokomotive beginnen zu können. Im Hinblick auf eine Vielzahl von verlangten Konstruktionsänderungen wurde jedoch der Bauauftrag 1925 annulliert. So bestellte dann die Mailänder Nordbahn am 15. Februar 1925 bei der österreichischen Krauss & Comp. in Linz eine 1'C-Cristiani-Lokomotive für 60 km/h Höchstgeschwindigkeit. Die mit einem Reibungsgewicht von 45 t entworfene Lokomotive erhielt einen 450-PS-Zweitakt-Fiat-Dieselmotor. Bei dieser Lokomotive konnte man nicht mehr von der konventionellen Dampfanlage ausgehen. Cristiani verwendete hierbei nämlich Hoch- und Niederdruckkessel, und es wurde eine Ölfeuerung notwendig. Der höchste Dampfdruck betrug 42 kg/cm². Die Abgase des Dieselmotor-Zweitakters waren für die Kesselheizung zu niedrig und blieben daher ungenutzt.

Immerhin hoffte Cristiani auf einen Wirkungsgrad dieser Lokomotive von 25%. Skeptiker bezifferten ihn auf nur 20%. Exakte Versuchsergebnisse sind jedoch nicht bekannt geworden. Die Cristiani-Lokomotive konnte zwar im Jahre 1927 die Werkstätten in Linz nach Fertigstellung verlassen. Aber die Bestellerverwaltung, die Mailänder Nordbahn, verweigerte die Abnahme.

Auch der russische Ingenieur Lontkewitsch beschäftigte sich mit der Dampfübertragung, um damit in thermischer Hinsicht das Optimum herauszuholen. Er errechnete Wirkungsgrade in der Größenordnung von 40%. Doch es blieb bei der Theorie, über die auch sein russischer Kollege Schweter mit seinen Dampflokomotivumbauplänen (1'C1'- und E-Lokomotiven) kaum hinaus kam.

Heute erinnern sich wohl nur noch ganz wenige Beteiligte, an der Technikgeschichte in-

Das frühere russische Diesellokomotivbüro in Berlin beschäftigte sich auch mit der Diesel-Dampflokomotive: Umbau-Entwurf von Schweter zur Umgestaltung einer Dampflok in eine 1'C1'-Diesel-Dampflok mit 1800-PS-Motor (Archiv)

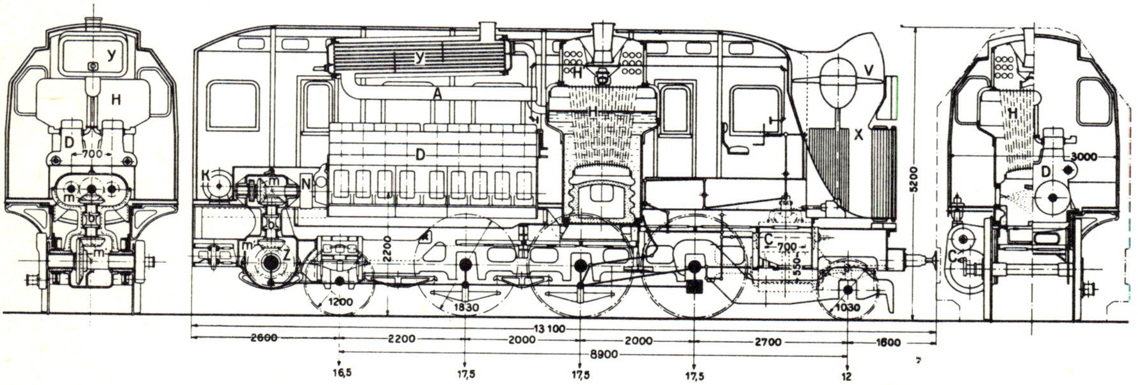

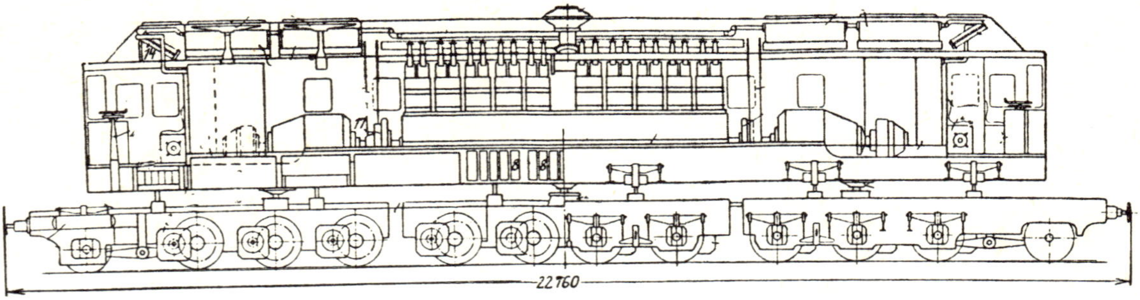

Hackel-Entwurf einer dieselelektrischen (1'Co)'(Do)'(Co1')'-Lokomotive für die russischen Eisenbahnen. Installierte Lokomotivleistung etwa 1000 PS (Archiv)

teressierte Ingenieure oder Historiker, an jene turbulente Zeit der Diesellokomotiventwicklung und -konstruktionen.
Wer weiß schon etwas Genaueres über die 1913 von Schneider (Le Creusot) in Frankreich gebaute Naphta-Regelspur-Lok mit Vierzylinder-Brillié-Motor (70 PS) für 1000 U/min? Jene kleine zweiachsige Kuppelstangenmaschine mit Blindwellenvorgelege wurde sogar mit einem Dynamometerwagen erprobt. Die eigenwillige Lok erhielt pneumatische Kraftübertragung (Luft-thermischer Transformator Bauart Hautier) mit Zahnradgetriebe. Bei bis zu 160 t Anhängelasten wurde ein Brennstoffverbrauch von etwa 280 g/PSh ermittelt. Der Erste Weltkrieg hat weitere Studien, auch für eine 200-PS-Lok gleicher Konzeption, zunichte gemacht.

Ein ganz merkwürdiges Schicksal wurde übrigens auch der großen 2'D2'-Diesel-Getriebelokomotive (Code-Wort „DIESO") zugeschrieben, welche Krupp mit einem relativ schweren Vierganggetriebe und mit einem großen 6-Zylinder-Dieselmotor der Kruppschen Germania-Werft für die Boston and Maine Railroad (USA) baute. Die mit einer Dieseldauerleistung von 1450 PS gebaute Kuppelstangenlokomotive hatte eine Achsfahrmasse von 22,75 t bei 91 t Reibungsmasse und 148 t Dienstmasse. Die Kruppschen Ingenieure hatten sich im Jahre 1929 bei dieser schweren „Pionierlokomotive" alle Mühe gegeben, sowohl den Langsamläufer-Diesel (470 U/min) als auch die hydraulische Hauptkupplung, den Blindwellenantrieb und die elektromagnetische Stufenschaltung so zuver-

Schema der 2'D2'-Diesellokomotive (1450 PS) von Krupp für die Boston and Maine Railroad (USA). Die 148 t schwere Lok hat bei dieser Bahnverwaltung nie Dienst getan (Zeichnung: Krupp)

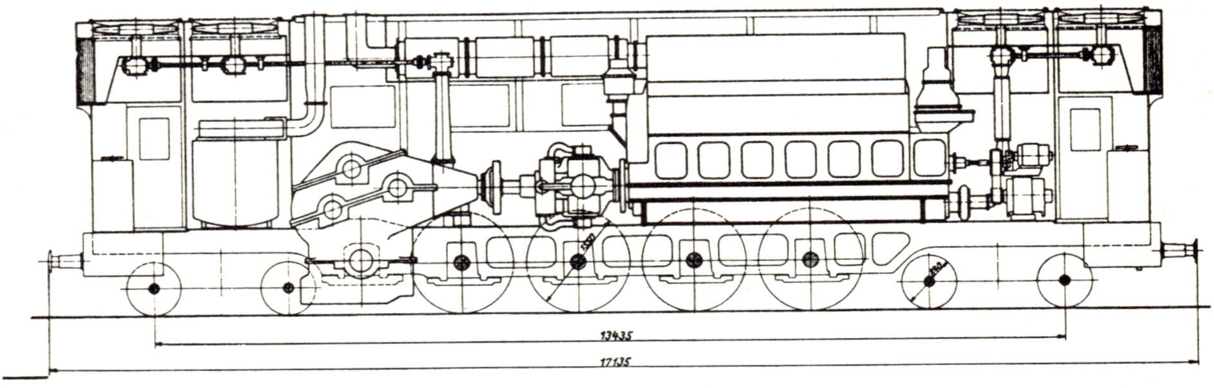

lässig und betriebssicher wie nur möglich zu machen. Doch der große Wurf gelang nicht. Es war zu viel Neuland betreten worden. Und zu allem Überfluß fiel die Achsfahrmasse (Achsdruck) mit 22,75 t zu hoch aus, um in Deutschland ausreichende Probefahrterkenntnisse zu sammeln. Dennoch wagte man mit einem 1200-Tonnen-Güterzug mehrere Probefahrten im Harz. Wenngleich der aufgeladene Dieselmotor keine Anstände brachte, so zeigten doch offensichtlich vor allem die Getriebe verschiedene Mängel. Immerhin konnte die für 95 km/h Geschwindigkeit und mit Horizontal-Kühler-Lüftern ausgelegte Lokomotive auch einige Fahrten im Schnellzugdienst absolvieren. Im Endergebnis zeigte sich, daß die im Pflichtenheft enthaltenen Bedingungen nicht vollständig erfüllt werden konnten. Diplom-Ingenieur Jury Leonid Koffman schrieb im Lok-Magazin: „. . . eine Lok, die allerdings nie im Betrieb gesehen wurde.“ Bei H. K. Stockklausner liest man, daß jene Lok nicht in die USA geliefert werden konnte und abgestellt werden mußte. Und um das Maß des Ungewissen noch voll zu machen, erinnert sich der Verfasser an Gespräche mit Ingenieuren von Krupp, von denen mancher zu wissen glaubte, daß die „Boston & Maine“ (gemeint ist die Lokomotive) während der Schiffsüberfahrt ins Meer gestürzt sei. —

Mehr von sich reden machte die gemeinsam von der Maschinenfabrik Esslingen und der Maschinenfabrik Augsburg-Nürnberg entwikkelte dieselpneumatische 1200-PS-Lokomotive (Abb. 44—46) für die Deutsche Reichsbahn, wenngleich auch dieser großen 2'C2'-Lokomotive der durchschlagende Erfolg versagt blieb. Die Vorausberechnungen ergaben eine Dienstmasse von etwa 110 t und ein Wärmediagramm, nach welchem etwa 50% der Abgasenergie zurückgewonnen werden und sich der Totalwirkungsgrad der Lokomotive auf rund 27% einstellen müßte. Die MAN machte mit dem Dieselmotor-Kompressor-Aggregat zunächst stationäre Versuche, die zur Zufriedenheit ausfielen. Als „Luft-Dehnungsmaschine“ kam dann die gewöhnliche Lokomotiv-Kolbenmaschine, jedoch mit besonders abgestimmten Zylinderabmessungen, in Betracht. Jeder Lokomotivführer müßte, so meinte man, damit vertraut sein. Der Bau und die Fertigstellung dieser großen 2'C2'-Diesel-Druckluft-Lokomotive beanspruchte recht lange Zeit, was durch die vorbereitenden Prüfstandversuche — vor allem mit dem Luftverdichter — bedingt war. Nach Fertigstellung wurden von Januar bis Ende September 1930 im Streckennetz um Magdeburg unter Belastung von Gegendruck-Bremslokomotiven eingehende Meßfahrten unternommen. Der meßbare Brennstoffverbrauch wurde, den Angaben von Professor Nordmann zufolge, in den Grenzen von 46 bis 250 kg in der Stunde festgestellt. Der niedrigere Wert wurde von der Lok bei Leerfahrt mit 40 km/h gemessen. Der obere Wert gehört zur Grenzleistung der Lok mit einer Dieselmotoren-Kurbelwellendrehzahl von 450 U/min. Der erreichte effektive Gesamtwirkungsgrad lag bei 23% (im Bereich von 500 PS und 20 km/h). Die Lokomotive litt unter einem recht hohen Luftwiderstand und einem durch die schweren Kolben und die verhältnismäßig große Kompressionsarbeit bedingten ungünstigen Laufwiderstand. Darüber hinaus stellten sich unliebsame Vibrationen bei schneller Fahrt ein, die vor allem durch den nur in beschränktem Maße möglichen Massenausgleich der Triebwerke und des Kompressors verursacht worden sind. Erwähnenswert bei dieser, zunächst auf dem Esslinger Prüfstand untersuchten ersten Großdiesellokomotive mit pneumatischer Leistungsübertragung ist die Verwendung eines nach Gesichtspunkten der Einheitsdampf-Lokomotiven der DR durchgebildeten Triebwerks. Der Rahmen ist ein Barrenrahmen. Die Zapfen der Drehgestelle waren seitenverschiebbar, von den drei fest im Rahmen gelagerten Kuppelradsätzen hatte der mittlere Spurkranzschwächung, so daß die Weiche 190/1:7,5 anstandslos befahren werden konnte. Der Dieselmotor hatte eine Dauerleistung von 1000 PS bei 400 U/min und eine

Entwurf einer dreiachsigen Dieselverschiebelokomotive (800 PS) mit pneumatischer Kraftübertragung (Zeichnung: Esslingen)

Stundenleistung von 1200 bei 450 U/min. Die Lokomotivzylinder hatten 700 mm Durchmesser und 700 mm Hub. Der Verdichter komprimierte die Arbeitsluft kurzzeitig auf 7 kg/cm², jedoch dauernd auf 6,5 kg/cm². Er hatte 640 mm Zylinderdurchmesser und 350 mm Kolbenhub. Die Deutsche Reichsbahn ließ die Lokomotive bei 1600 mm Kuppelraddurchmesser für 80 km/h Geschwindigkeit zu. Sie hatte eine Länge über Puffer von 16 330 mm und ein Dienstgewicht von 124,6 t (Reibungsgewicht 54,1 t/Leergewicht 118,6 t). Die amtliche Abnahmefahrt zwischen Stuttgart und Augsburg fand am 22. November 1929 statt. Dann gingen die amtlichen Versuche dieser mit V 3201 bezeichneten Lokomotive unter Federführung des Reichsbahn-Versuchsamtes Berlin-Grunewald in den Gebieten um Berlin und Magdeburg weiter. Die Lok war dann auf der Zweiten Weltkraftkonferenz 1930 in Berlin noch vertreten, und sie beförderte in ihren letzten Tagen in den dreißiger Jahren noch Eilgüterzüge zwischen Stuttgart und Bruchsal. Die Ausmusterung erfolgte noch in der ersten Hälfte der dreißiger Jahre, nachdem sich mehrfach Ventilbrüche am Verdichter zeigten.

Professor Nordmann liebäugelte noch mit einer Verbesserung der Konstruktion. Dabei sollte der Dieselmotor im direkten Antrieb hinzugeschaltet werden können, sobald die Geschwindigkeit des Zuges groß genug geworden ist, um eine zündungsfähige Kompressionstemperatur herbeizuführen. Das Diesel-Druckluft-Aggregat, dessen Luftzylinder auch weiter mitwirken sollten, müßte aber so groß bemessen sein, daß die Zündungsgeschwindigkeit der direkten Dieselzylinder in allen Fällen, also auch vor schweren Zügen und auf Steigungen sicher erreicht wird. So wäre eine vierzylindrige Lokomotive entstanden, deren Massenausgleich besser beherrschbar gewesen wäre. Professor Nordmann, damals Reichsbahn-Oberrat in Berlin, schloß seinen am 21. Oktober 1931 vor der Deutschen Maschinentechnischen Gesellschaft gehaltenen Vortrag mit den Worten: „Die ungünstige heutige Wirtschaftslage dürfte im Augenblick das Interesse für eine solche verbesserte Dieseldruckluft-Lokomotive wohl noch zu einem mehr theoretischen gestalten.“

In den Esslinger Konstruktionsbüros machte man sich trotzdem noch zahlreiche Gedanken und projektierte nicht nur eine dreiachsige Dieselmotor-Verschiebelokomotive mit pneumatischer Kraftübertragung für eine Nennleistung von 300 PS, sondern auch eine weitere Großdiesellokomotive, die wiederum gemeinsam mit der MAN entworfen wurde. Es handelte sich dabei um eine 2′C1′-Dieseldruckluft-Lokomotive mit ventillosen Diesellokomotiv-Zylindern mit Druckluft- und unmittelbarem Antrieb, also eine Vierzylinder-Lokomotive mit Zweiachsantrieb. Es ist hier nicht möglich, alle damals gemeinsam von der Esslinger Maschinenfabrik und der MAN aufgestellten Projekte und Vorschläge aufzuführen. Man befaßte sich sogar mit der Konstruktion einer riesenhaften 2′F2′-Diesel-Ellok mit 3200 PS Dieselleistung. Vermutlich hat keine einzige Unternehmenskooperation zu derart vielen Diesellokomotiventwürfen in den zwanziger

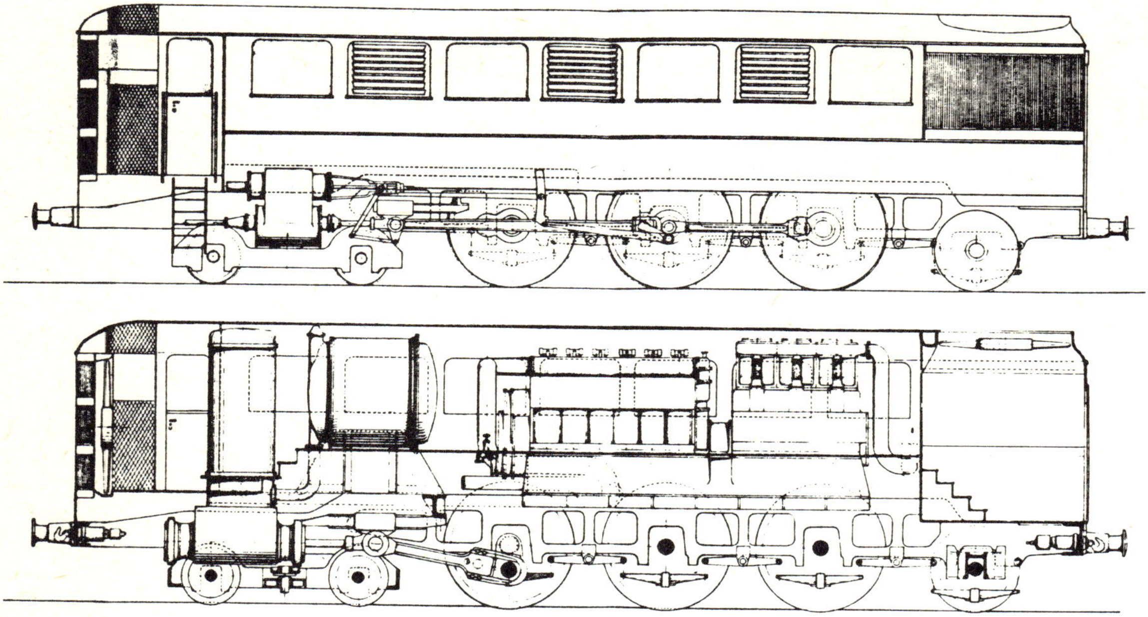

2'C1'-Diesel-Schnellzuglokomotive mit Druckluft- und unmittelbarem Antrieb, ventillose Diesellok-Zylinder, Entwurf vom Anfang der dreißiger Jahre von der MAN und von Esslingen

und dreißiger Jahren geführt wie diejenige von der ME und MAN. Es kam sogar zu Kontakten mit der französischen Zarlatti-Gesellschaft (Société Anonyme Brunato Zarlatti) in Paris, zu Projekten von Druckluft-Dampflokomotiven und zu laufachslosen Dieseldruckluft-Verschiebelokomotiven einer Einheitsbaureihe mit Caprotti-Steuerung für Leistungen von 690 bis zu 1380 PS. Der längst verstorbene frühere Oberingenieur der Maschinenfabrik Esslingen und der MAN, Dr.-Ing. Max Mayer, hat jene hochinteressante Entwicklungsperiode in seiner, in nur wenigen Exemplaren gedruckten Schrift „Diesel-Lokomotiven und Diesel-Triebwagen“ (Esslingen 1947) dargestellt. Zahlreiche der eindrucksvollsten Entwürfe sind im Buch des Verfassers „Von Lok zu Lok — Esslingen und der Lokomotivbau für die Bahnen der Welt“ (Stuttgart 1969) abgebildet.

Diesel-Dampf-Lokomotiven in Westeuropa — 1200-PS-Diesellok mit Schlepptender im Osten

Auf der weiteren Suche nach der Verbesserung des Wirkungsgrades von Lokomotiven hatten die Ingenieure etwa in der Mitte der zwanziger Jahre unseres Jahrhunderts in Anbetracht der konventionellen Kolbendampflokomotive, der Heilmannschen Dampf-Elektrolokomotive, der verschiedenen Dampfturbinen-Lokomotiven, der Hochdruck-Dampflokomotiven, der elektrischen und der verbrennungsmotorisch angetriebenen Lokomotiven verschiedene Situationsberichte mit Hinweisen auf die Fortentwicklung verfaßt. So meinte Dr.-Ing. H. Brown aus Winterthur beispielsweise unter anderem: „Im Gegensatz zur Kolbendampfmaschine, welche allerdings auf Kosten des Wirkungsgrades sehr stark überlastbar ist, kann der Dieselmotor höchstens um 25% über die Regelleistung hinaus belastet werden, und

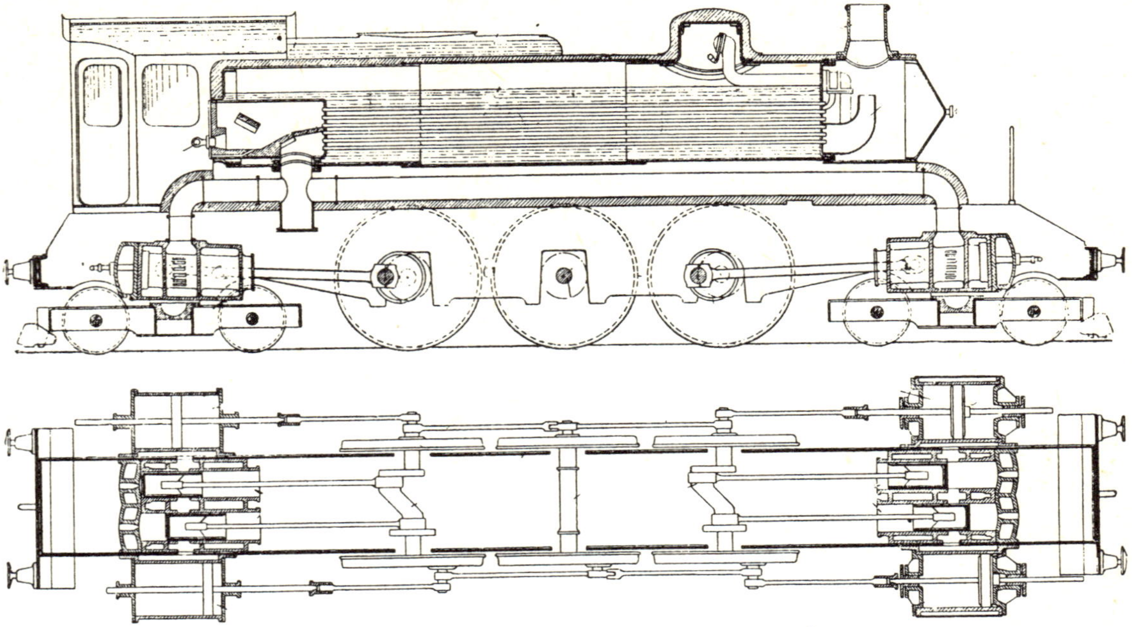

2'C2'-Diesel-Dampflokomotive mit 1200 PS Nennleistung, ein Entwurf nach Patenten von Buchli (Archiv)

diese Steigerung ist nur vorübergehend statthaft, wenn man Betriebsstörungen vermeiden will . . . Für den Lokomotivbau ist dann der Umstand besonders unangenehm, daß der Dieselmotor mit fremder Energie in Betrieb gesetzt werden muß, weil zur unbedingt sicheren Zündung, besonders bei kalter Maschine, eine bestimmte Drehzahl erreicht werden muß. Hieraus folgt, daß eine Diesellokomotive mit direktem Antrieb nur möglich ist, wenn eine Zusatzenergiequelle mitgeführt wird, welche das Anfahren des ganzen Zuges übernehmen kann . . ."

Alle in jener Zeit auf Grund solcher Erkenntnisse bereits erprobten oder im Entwurfs- und Konstruktionsstadium befindlichen Diesellokomotiv-Kombinationen gehören zu den Raritäten. Die 2'B2'-Sulzer-Klose-Borsig-Lokomotive (Abb. 47) mit Druckluft-Zusatz-Aggregat (Baujahr 1912), der nach Patenten von

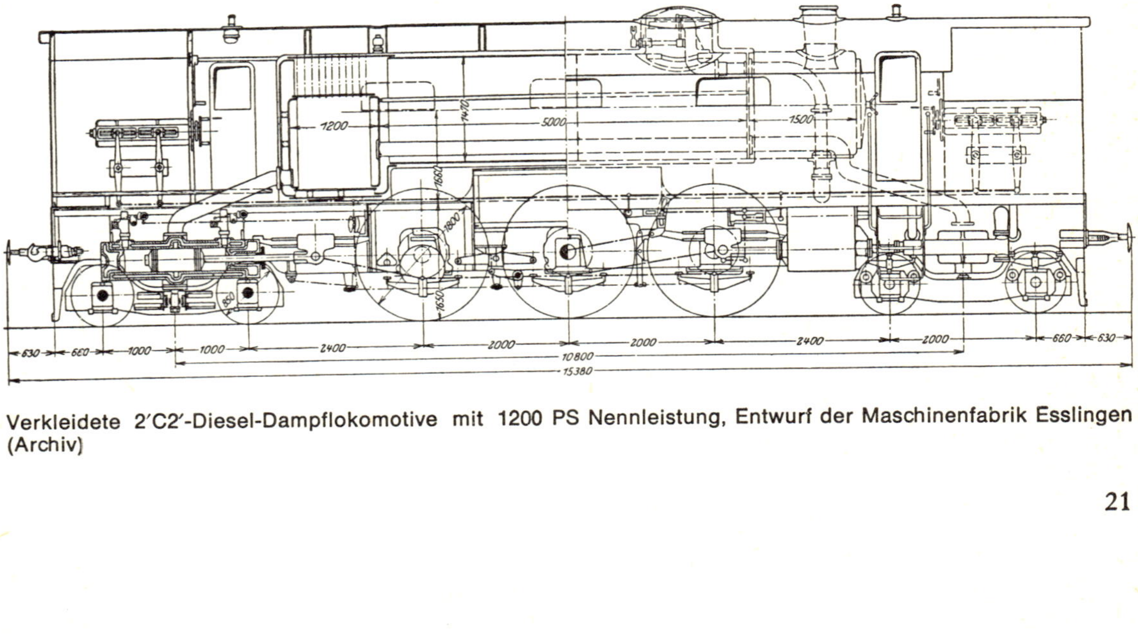

Verkleidete 2'C2'-Diesel-Dampflokomotive mit 1200 PS Nennleistung, Entwurf der Maschinenfabrik Esslingen (Archiv)

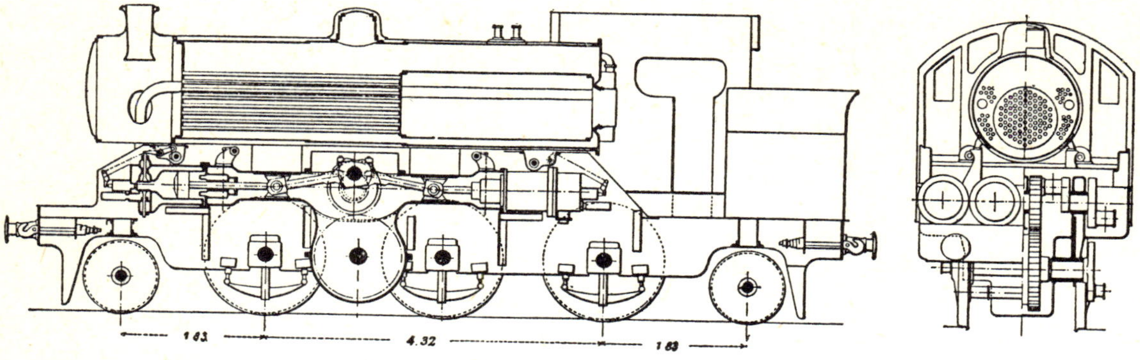

Diesel-Dampflokomotive, Bauart Still, Projektbild einer Lok für 1400 PS mit Achtzylinder-Diesel-Viertaktmotor, Bauausführung: Kitson & Co Ltd in Leeds (Archiv)

Buchli entstandene Entwurf einer 2′C2′-Diesel-Dampflokomotive mit direkt wirkenden Zweitakt-Maschinen (1200 PS), Entwurfszeit in der ersten Hälfte der zwanziger Jahre, die 2′C2′-Diesel-Dampflokomotive der Maschinenfabrik Esslingen (1800 mm Kuppelraddurchmesser, Nennleistung 1200 PS), Projekt der Jahre 1924/1925, die 1400 PS starke 1′C1′-Kitson-Still-Diesel-Dampflokomotive mit Achtzylinder-Triebwerk, Baujahre 1926/1927, sowie die 1600-PS-Still-Diesel-Dampflokomotive von Schneider (Creusot) mit Vierzylinder-Zweitakt-Vertikalmotoren, Baujahre 1925/1927, machen die Bemühungen deutlich, um zu brauchbaren Lösungen zu kommen. Dabei hatte man brillante Ideen. Die Still-Lokomotive hatte ein relativ kleines Gewicht, weil die Kombination der Diesel- und Dampfmaschine in *einem* Zylinder „stattfand". Dabei war allerdings die konstruktive Durchbildung der Kühlmäntel verwickelter, weil das Kühlwasser unter vollem Dampfdruck stand und das Entstehen toter dampfgefüllter Räume vermieden werden mußte.

Beim schon damals viel diskutierten System der elektrischen Kraftübertragung ging es meist um den mit dem Motor gekuppelten, fremd erregten Gleichstromgenerator und dessen Regelung (durch Änderung des Erregerfeldes). Im Jahre 1924 wurde zum ersten Mal der Zweitakt-Motor auf einer dieselelektrischen Lokomotive verwendet. Es handelte sich um die schmalspurigen 440-PS-Diesellokomotiven (Abb. 48, 110) der italienischen Ferrovie Calabro-Lucane. Bei jenen, von Fiat und BBC gebauten Lokomotiven wurde darüber hinaus mit Erfolg die Drehgestellbauweise praktiziert.

Im Jahre 1925 galt dann die dieselelektrische $1'E_o1'$-Lokomotive (Abb. 49, 111) für die

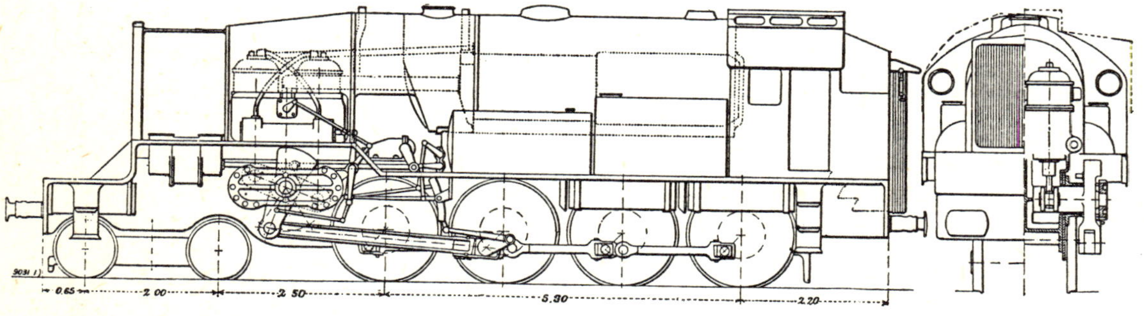

Diesel-Dampflokomotive, Bauart Still, Projektbild einer 1600-PS-Lok mit Vierzylinder-Zweitakt-Dieselmotor, vorgesehene Bauausführung: Schneider & Co in Creusot (Archiv)

Russischen Eisenbahnen, unter der Bau- und Versuchsleitung von Professor Lomonossoff entstanden, als in ihrer Zeit leistungsfähigste Diesellokomotive mit elektrischer Kraftübertragung. Die Entwurfsgrundlagen stammten von Professor Meineke. Den Dieselmotor lieferte die Maschinenfabrik Augsburg-Nürnberg (MAN). Die elektrische Ausrüstung hatte Brown, Boveri (Baden/Schweiz) hergestellt, während die Montage und die Bauausführung für die Prüfstandversuche von der Maschinenfabrik Esslingen besorgt wurden. Ursprünglich war hierfür die Hohenzollern AG in Düsseldorf-Grafenberg vorgesehen. Jene Lokomotive zur Beförderung von Güterzügen sollte eine Zugkraft von 15 000 kg bei einer Geschwindigkeit von 16 km/h aufbringen. Das entsprach einer Leistung von 890 PS am Radumfang und von 1200 PS an der Kurbelwelle des Viertakt-Dieselmotors. Güterzüge von 1000 t konnten auf 10 Promille-Steigungen und Anhängelasten von 1900 t auf 5 Promille befördert werden.

Die Generatorspannung betrug maximal 1000 Volt. Die Ward-Leonard-Schaltung arbeitete mit zwei Erregermaschinen, was feinfühliges Fahren ermöglichte. Die fünf parallelgeschalteten Fahrmotoren wurden in „Trambahn-Aufhängung“ angeordnet, wobei die Getriebeübersetzung mit 1 : 6,13 fixiert war. Mit 4 t Brennstoff wog die Maschine 119 Tonnen. Die zahlreichen Esslinger Prüfstandversuche führten zu verschiedenen Lokomotivumbauten, und im Jahre 1925 begannen in Lettland die ersten Streckenfahrten mit schweren Güterzügen und Meßwagen. Es wurden Gesamtwirkungsgrade der Lokomotive von bis zu 28% festgestellt und Anhängelasten von 1950 Tonnen auf 5 Promille Steigung mit 15 km/h Geschwindigkeit gefahren. Die weiteren Versuchsfahrten fanden noch im Jahre 1925 im Kaukasus bis an die türkisch-persische Grenze statt. Mit Ausnahme von kurzen Betriebshalten wurde unter anderem eine 2500 Kilometer lange Strecke ohne lokomotivbedingte Unterbrechung zurückgelegt. Das war eine Leistung, die noch von keiner Wärmekraft-Lokomotive vollbracht worden ist! Die letzten 400 km wurden mit nur vier eingeschalteten Fahrmotoren zurückgelegt, weil bei einem Motor der Anker schadhaft wurde.

Besondere Probleme warfen die Auslegungen und Anordnungen der Kühlanlagen für das Motorkühlwasser und das Schmieröl auf, wobei man im Einsatzgebiet Turkestan mit + 50 °C Außenlufttemperatur zu rechnen hatte. Tatsächlich reichten die Kühler nur für die winterlichen Außentemperaturen aus. Im Sommer mußte man einen Kühltender (Abb. 50), von der Maschinenfabrik Esslingen gebaut, mitführen. Man konnte die Kühlanlage deshalb in ihrer Gewichtsverteilung etwas günstiger gestalten, zumal die relativ schwere Lokomotive einen zu hohen Achsdruck hatte.

Die Lokomotive kam schließlich zur Oktober-Bahn und war lange Zeit die einzige erfolgreiche Diesellokomotive der Welt, welche eine Leistung von mehr als 1000 PS „vorzeigen“ konnte!

Die im November 1924 auf der russischen Oktober-Bahn in Betrieb genommene (1'Co)Do' (Co1')-Riesenlokomotive von 22 760 mm Gesamtlänge hatte „nur“ 800 PS am Treibradumfang zu leisten vermocht. Ihr Zehnzylinder-Viertakt-Dieselmotor gab bei 935 U/min an der Kurbelwelle etwa 1030 PS ab. Jene gemeinsam von den Putilow-Werken, den Baltischen Elektrischen Werkstätten und von Vickers (Dieselmotor) entwickelte und gebaute dieselelektrische Lok hatte eine Dienstmasse von 180 Tonnen! Das Riesenfahrzeug wurde mit zehn Fahrmotoren (spannungsgeregelt von 30 bis 760 Volt) und zwei, beiderseits des Diesels angeordneten Generatoren ausgerüstet. Der Motor hatte einen elektrischen Anlasser. Eine andere (dieselmechanische) Lokomotive entstand — auf Lomonossoffs Betreiben — wiederum in Deutschland. Sie wurde bei Hohenzollern hergestellt und erhielt einen umsteuerbaren 1200-PS-Sechszylinder-Viertakt-MAN-Dieselmotor, eine elektromagnetisch betätigte Reibungskupplung, eine elastische

Blattfederkupplung und ein dreistufiges Zahnradgetriebe, das über Blindwelle und Kuppelstangen die Radsätze treibt. Das 12 Tonnen schwere Stufengetriebe entwickelte, baute und erprobte (auf dem Prüfstand) das Kruppsche Unternehmen. Die Magnet-Kupplungen lieferte das damalige Magnetwerk Eisenach. Die fertige 2E1-Lokomotive (Abb. 51—55) kam im Januar 1926 auf den eigens errichteten Prüfstand in Düsseldorf. Anschließend ging man — mit Regelspurradsätzen — zur Streckenerprobung über. Doch die mächtige und schwere Lokomotive zeigte sich ihren dieselelektrischen Schwestern weit unterlegen. Sie ließ sich nur von einem geübten Lokomotivführer zufriedenstellend bedienen und manövrieren. Die 131 t schwere Lok litt außerdem unter der zu geringen Zahl an Getriebestufen, ist aber im Jahre 1927 in Moskau noch übernommen worden. Vermutlich hat sie — wie die zuvor erwähnte Putilow-Lokomotive (nach Plänen von Professor Hackel entworfen) — einige Zeit im Dienst gestanden und ist dann möglicherweise als stationäre Kraftanlage umgebaut worden. Mehr Erfolg war einer weiteren, achtachsigen Lokomotive beschieden, welche Krupp im März 1933 fertigstellte und mit Sulzer-Achtzylinder-Reihen-Dieselmotoren von zweimal 825 PS (bei 640 U/min) ausrüstete. Die Konstrukteure griffen bei jener russischen, mit EEL-8 bezeichneten 2'Eo1'-Lokomotive wieder zur elektrischen Kraftübertragung welche diesmal Sécheron lieferte. Es wurden zwei Generatoren, fünf Fahrmoto-

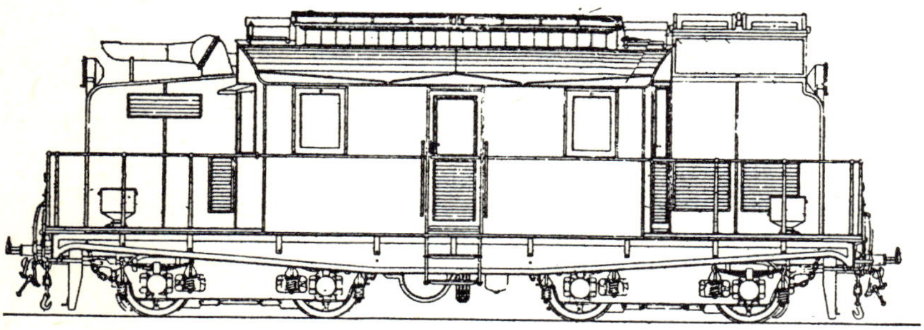

Erste in Europa gebaute dieselelektrische Lok (120 PS), für die meterspurigen Strecken Tunesiens. Die von Elektriska Vagn Aktiebolaget und Atlas (Motor) in Schweden hergestellte Lok wurde zunächst in Schweden auf Strecken mit 891 mm Spur erprobt. Baujahr 1922 (Archiv)

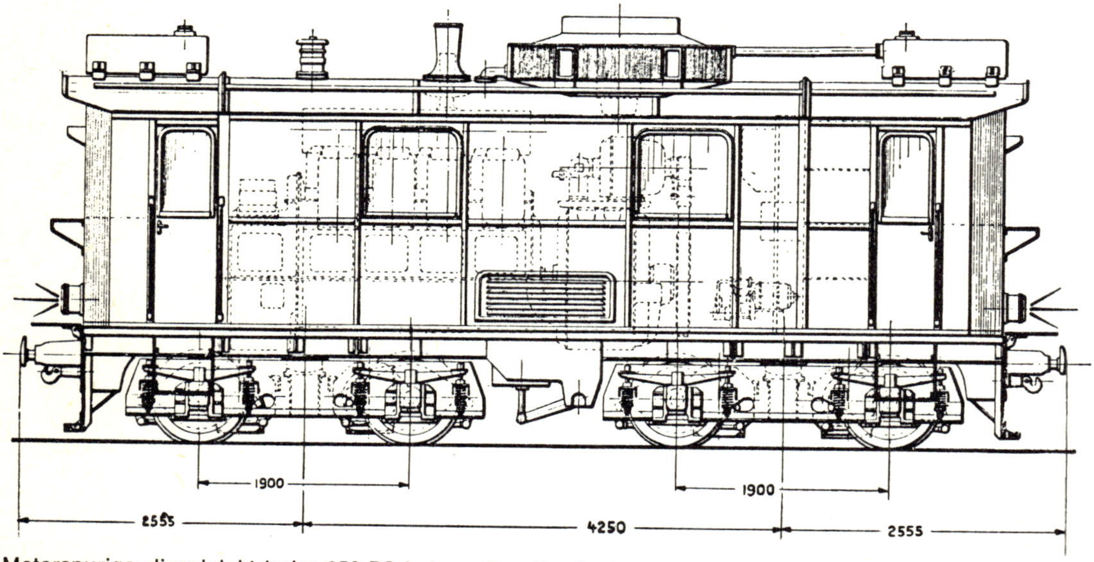

Meterspurige dieselelektrische 250-PS-Lokomotive für die Cie. Fermière des Chemins der Fer Tunisiens, Baujahr 1925/26, geliefert von der Cie. Electromécanique in Paris und von Sulzer (Dieselmotor) in Winterthur (Archiv)

ren und Sécheron-Hohlwellen-Antrieb vorgesehen. Die 149 t schwere Lokomotive hatte einen maximalen Achsdruck von 21,4 t und eine Anfahrzugkraft von 26 000 kg. Sie konnte selbst auf Steigungen von 7 Promille noch 2000-Tonnen-Züge befördern. Aber die Lokomotive blieb eine Einzelgängerin, und sie blieb ebenfalls wie die anderen Vorgängerinnen für die Sowjetunion eine interessante Rarität, welche im Vergleich zur im Jahre 1922 von der Diesel Elektriska Vagn Aktiebolaget (Schweden) gebauten vierachsigen 120-PS-Meterspur-Diesellok mit elektrischer Drehmomentübertragung für Tunesien eine ganz wesentliche Stufe der Leistungssteigerung darstellt.

Vom Dreikuppler in Variationen zum Wendezugbetrieb und zur Doppellokomotive

Die damalige Deutsche Wehrmacht hielt es in den dreißiger Jahren für sinnvoll, aus strategischen Gründen für bestimmte Verwendungszwecke Verbrennungsmotor-Lokomotiven zu beschaffen. Die Heeresleitung berief sich darauf, daß die Rauchfreiheit solcher Triebfahrzeuge und der relativ geringe Kraftstoffverbrauch — gemessen am Gesamtmineralölverbrauch — von beachtlichem Vorteil seien. In einer Gemeinschaftsarbeit könnte die Konstruktion unter einheitlichen Gesichtspunkten erfolgen. Schon zuvor, im Jahre 1932, setzte man auf Anregung der Reichsbahn und der Lokomotivindustrie eine Arbeitsgemeinschaft ein, der verschiedene deutsche Lokomotivfabriken angehörten, und entwickelte zunächst die Einheits-Kleinlokomotiven der Leistungsgruppe II, die mit einem 65-PS-Vergaser- oder -Dieselmotor sowie mit einem vierstufigen mechanischen Lamellen-Kupplungsgetriebe ausgerüstet wurde. Die Konstrukteure untersuchten jedoch sehr bald den Einsatz einer „höherwertigen" hydraulischen Kraftübertragung, zumal die elektrische Leistungsübertragung damals zu schwer und zu teuer geworden wäre. Nachdem die hydrostatischen Flüssigkeitsgetriebe mit geschlossenen Kreisläufen (Systeme Lentz, Lauf-Thoma, Schwartzkopff-Huwiler) nicht die gewünschte Zuverlässigkeit boten, kam man beinahe zwangsläufig zum Föttinger-Wandler und zur Föttinger-Flüssigkeitskupplung. Das Heidenheimer Unternehmen Voith hatte bereits mit der Ausrüstung von Triebwagen gewisse Erfolge verbucht, so daß sich die Reichsbahn zum Bau einer Versuchslokomotive der Leistungsgruppe II entschloß. Das sanfte Anfahren, die weitgehende Schonung von Motor und Kraftübertragungsteilen durch Fortfall des mechanischen Stufengetriebes mit wiederholtem Gangwechsel, die vereinfachte Bedienung und die Verminderung der Wartungskosten führten zum Erfolg. Die Motordrehzahl konnte heraufgesetzt und die Leistung bis auf 90, ja sogar 110 PS gesteigert werden. Die sonst im Mechangetriebe und in den Ketten auftretenden Stöße hätten eine Erhöhung der Motorleistung auf über 65 PS ohne Verstärkung der Übertragungsteile nicht zugelassen. Und die Reichsbahn war bereits optimistisch, indem sie nun an die Beschaffung von Kleinlokomotiven der Leistungsgruppe III (150 PS) dachte. Mit Rücksicht auf die ungünstige Kraftstoffsituation im damaligen Deutschland unterblieben jedoch weitere diesbezügliche Pläne, und so kamen eben nur die schon genannten Wehrmachts-Diesellokomotiven zum Zuge. Außer vereinheitlichten Feldbahn-Lokomotiven der Spurweitenbereiche 600 bis 750 mm und 900 bis 1067 mm bei Achsfahrmassen von 4 bis 6 t und Leistungen von 50 bis 200 PS kamen vor allem die regelspurigen zwei-, drei- und vierachsigen Diesellokomotiven mit einer höchsten Achsfahrmasse von 15 t in Frage.

Solche dieselhydraulischen Lokomotiven sollten vorwiegend für Verschiebedienste in Munitionsfabriken, auf Fliegerhorsten und Schießplätzen oder auf sonstigen Anschlußgleisen der Wehrmachtsdienststellen eingesetzt werden. Sie sollten aber auch der Artillerie als Zugmaschinen für die Eisenbahngeschütze, für Eisenbahnpionierdienste und als Vorspann für die berüchtigten Schienenwölfe zum Schwellenaufreißen dienen.

Die ersten Erprobungslokomotiven (Leistungsgrößen 240 und 360 PS) lieferten im Jahre 1937 die Firmen Orenstein & Koppel und die Berliner Maschinenbau Aktiengesellschaft vorm. L. Schwartzkopff. Danach begannen die Serienlieferungen der Bauarten WR 200 B 14 als Zweikuppler (Abb. 56) mit 1000 und mit 1100 mm Kuppelraddurchmesser, WR 360 C 14 als Dreikuppler (Abb. 57) und als spätere Kriegs-Motorlokomotive KML 1 sowie des Baumusters WR 550 D 14 als schwerste einrahmige Wehrmachtsbauart, jeweils mit kaum mehr als 14 t Achsfahrmasse. Als der Verfasser dieser Publikation im Jahre 1941 kurzzeitig in der Arbeitsgemeinschaft für diese Heereswaffenamts-Diesellokomotiven unter der Leitung des längst verstorbenen Schwartzkopff-Oberingenieurs Alfred Neumann tätig war, sind vor allem noch bei der 360-PS-Lokomotive (WR 360 C 14), der späteren V 36 der DB, zahlreiche Verbesserungen und Vereinfachungen durchgeführt worden. Sie war die am meisten gebaute Wehrmacht-Diesellokomotive, die zugleich in gewisser Weise auch als Schrittmacher zur Einführung der dieselhydraulischen Kraftübertragung nachfolgender Schienentriebfahrzeuge galt. Die vereinheitlichten Wehrmacht-Diesellokomotiven sind in den Jahren 1937 bis 1943 von den Firmen Schwartzkopff, Deutz, Gmeinder, Henschel, Jung, Krupp und Orenstein & Koppel (Maschinenbau und Bahnbedarf MBA) in insgesamt 427 Einheiten gebaut worden, wobei die 360-PS-Lok eine Auflage von 292, die vierfach gekuppelte 550-PS-Lok jedoch nur von 6 Einheiten erlebte. Im Jahre 1950 beschaffte sogar die Deutsche Bundesbahn noch 18 Einheiten der 360-PS-Lok mit den Betriebsnummern V 36 401—418 (236 401—418), die von der MaK Maschinenbau GmbH Kiel hergestellt wurden. Die Lok V 36 406 befindet sich heute im Besitz des Vereins „Historische Eisenbahn e. V." (Frankfurt/Main). Die 1979 ausgemusterte Lok 236 401 gehört der Deutschen Museums-Eisenbahn in Darmstadt.

Für jene schon nach Einsatz der Vorausbauarten sich als recht erfolgreich erweisenden Diesellokomotiven verwendete man überwiegend Motoren von der MAN, von MWM (Mannheim) und von den Deutschen Werken (DWK). Nun wird der Leser fragen, wo denn eigentlich die unserem Buchtitel gerecht werdende Rarität bei diesen Lokomotiven begründet liegt. Wir finden sie nämlich auch nicht unbedingt in den Wehrmachts-Parallelbestellungen von 15 Einheiten diesel*mechanischer* 360-PS-Lokomotiven (WR 360 C 17/15), welche die DWK in den Jahren 1938—1941 bauten. Aber dabei wird bereits sichtbar, wie sehr man sich trotz aller Vereinheitlichungsbestrebungen immer ans Experimentieren hielt. Da fällt beispielsweise unter den dieselmechanischen DWK-Lokomotiven bei der „Einzelgängerin" Nr. 610 (spätere DB-Lok V 36 310) das versuchsweise angeordnete Mittelführerhaus auf. Der überaus kurze Achsstand dieses Dreikupplers — mit ausnahmsweise hintenliegender Blindwelle — mißt nur 3,3 Meter, während die anderen 3950, 4200 und 4400 mm aufwiesen.

Als die Deutsche Bundesbahn eine größere Anzahl von Lokomotiven des früheren Heereswaffenamtes mit der Baureihenbezeichnung V 36 in den eigenen Bestand einreihte, wurden allmählich mehrere Einheiten mit auf das Führerhausdach aufgesetzten „Aussichtskanzeln" oder entsprechend gestalteten neuen Führerhäusern (Abb. 57) ausgestattet. Die seinerzeitigen Typisierungsarbeiten sahen auch die Einmannbedienung bei Doppeltraktion vor. So konnten beispielsweise aus zwei Vierkupplern eine achtachsige 1100-PS-Doppellokomotive gemacht werden. Im damaligen Wildauer Konstruktionsbüro von Schwartzkopff entwarf man außerdem Konstruktionen für eine Doppellokomotive der Achsfolge 1'C1' + 1'C1' mit zweimal 1250 PS = 2500 PS. Jede Einheit dieser Doppellok wurde aus dem 360-PS-Wehrmachts-Dreikuppler abgeleitet und wich beträchtlich von der dieselhydraulischen 1C1-Krauss-Maffei-Lokomotive V 140 ab. Eine weitere Doppellokomotive, jedoch mit dem Achsfolgeschema 1'E1' + 1'E1' (jeweils 2500 PS), hätte ohne Kriegsereignisse und Kapitulationsnachwehen durchaus Chancen der Verwirklichung gehabt, zumal sich von den Elektrolokomotivbauern angeforderte Entwürfe dieselelektrischer Lokomotiven sowohl im Hinblick auf Gewicht als auch auf die Anschaffungskosten weniger vorteilhaft darstellten. —

Die Deutsche Reichsbahn der Deutschen Demokratischen Republik reihte die bei ihr verbliebenen Wehrmachts-Diesellokomotiven im Jahre 1957 als V 36 015—039 (Deutz-Motoren), 050—059 (DWK-Motoren), 060—069 (MWM-Motoren) und 080—099 (Motorenwerk Johannisthal) in ihren Bestand ein. Jene Verwaltung setzte diese Lokomotiven mitunter sogar vor Nahgüterzügen und im leichten Reisezugdienst auf Nebenbahnen ein. Die V 36 080 erhielt zur Erprobung in der Mitte der fünfziger Jahre eine ganz neue Maschinenanlage mit schnellaufendem Achtzylinder-V-Motor und ein neuentwickeltes Dreistufen-Strömungsgetriebe. Die Nachkriegs-Reichsbahn rüstete darüber hinaus die V 36 030 versuchsweise mit einem langsamlaufenden Sechszylinder-Reihenmotor aus, der von Mitte der sechziger Jahre an — auch als Ersatzmotor — seine Bewährung zeigte. Alle noch zum Umnummerungszeitpunkt bei der Reichsbahn der DDR in Dienst befindlichen Lokomotiven der Reihe V 36 erhielten später die Baureihenbezeichnung 103, und man stattete einige dieser Lokomotiven mit explosionsgeschützter Abgasanlage aus. Die Kupplung zweier Lokomotiven (mit den Führerständen zueinander) erlaubt die mechanische Verbindung der Fahrsteuerungen zum Fahren beider Maschinenanlagen von einem der beiden Führerstände aus. Somit hatte die erste in Deutschland in großen Serienstückzahlen gebaute Regelspur-Diesellokomotivbauart nicht nur von Anfang an mehrere konstruktive und zukunftsweisende Merkmale (Hydraulik, Mehrfach-Steuerung, Austauschbau der Antriebs-Aggregate) in die Wiege gelegt bekommen, sondern sie hatte auch ihre vielseitige Eignung als Erprobungsbauart und als Einsatzfahrzeug für die verschiedenartigsten Dienste bewiesen.

Ein Teil dieser Dreikuppler-Stangen-Lokomotiven erhielt sogar bei der DB die Sicherheitsfahrschaltung (Sifa). Und schließlich leisteten solche Triebfahrzeuge auch Dienst bei den Bahnpostämtern Freiburg (Breisgau) und Hannover. Die Lokomotive V 36 231 (Bahnbetriebswerk Wuppertal) ist 1977 von der Deutschen Gesellschaft für Eisenbahngeschichte (DGEG) erworben worden und erhielt bei der Firma Reuschling in Hattingen (Ruhr) eine Revision. Jene von Orenstein & Koppel im Jahre 1939 gebaute Lok ist, wie auch die Lok V 36 127 (Schwartzkopff) und V 36 204 (später nur noch als Ersatzteilspender vorgesehen), für die Beförderung von Museumszügen bestimmt.

Die Deutsche Bundesbahn verglich die V 36 Anfang der fünfziger Jahre mit den Dampflokomotiven der Baureihe 91^{3-18} (preußische T 9^3). Aus den damaligen sV-Diagrammen ergab sich, daß die V 36 mit 60 t Anhängelast (im Nahverkehr) etwa der T 9^3 mit 120 t Last entspricht, dabei aber bis 20 km/h eine größere Anfahrbeschleunigung entwickelt. Außerdem benötigt die Motorlok mit 1500-Liter-Treibstoffbehältern erst nach etwa 1000 km Fahrt eine Kraftstoffergänzung und ist daher für zwei volle Betriebstage unabhängig von den Versorgungsstellen. Unter diesen Voraussetzungen haben sich die Wehrmacht-Diesellokomotiven bei der DB beispielsweise im Nahverkehr Bremen — Burg — Vegesack — Farge (28 km) bei 11 Zwischenhalten gut bewährt, wenngleich ihre Höchstgeschwindigkeit nur 60 km/h betrug, die aber genügte, weil es bei den kurzen Haltestellenabständen vor allem auf das Beschleunigungsvermögen ankam. Eine Besonderheit dieses norddeutschen Nahverkehrszug-Dienstes war die Möglichkeit, die Diesellok zusammen mit Steuerwagen im Wendezugbetrieb zu verwenden. Und die DB versprach sich davon viel: „Diesellokomotiven und leichte, für schnellen Massenverkehr geeignete und mit Steuereinrichtungen versehene Wagen müßten möglichst bald in ausreichender Anzahl bereitgestellt werden, um die Ansprüche der Fahrgäste befriedigen und den Wettbewerb mit der Straße auch im Nahverkehr erfolgreich aufnehmen zu können." So hieß es im Juli 1950 in der Zeitschrift „Die Bundesbahn". Die Motorlokomotive V 36 gab den Ausschlag für diesen Optimismus. Immerhin fand die V 36 in den folgenden Jahren auch im Ausland, beispielsweise in der Tschechoslowakei, in Österreich und in Italien (Abb. 59), Aufgaben im Strecken- und Verschiebedienst. Und kaum erinnert sich noch jemand an die Schwartzkopff-Lieferungen für die Rumänische Staatsbahn. Zwei Motorlokomotiven der Wehrmachtbauart wurden für rumänischen Bedarf geliefert und vom seinerzeitigen Versuchsamt für Lokomotiven und Triebwagen der Deutschen Reichsbahn hinsichtlich ihrer Leistungsfähigkeit geprüft und schließlich der rumänischen Abnahmekommission vorgeführt. Die Rumänische Staatsbahn forderte die Beförderung 200 t schwerer Anhängelasten in 700 m Seehöhe auf Steigungen von 40 Promille, wobei mindestens noch 5 km/h Fahrgeschwindigkeit zu halten sind. Und tatsächlich bewegte sich der Zug mit der 360-PS-Lokomotive auf den Steigungen bei eingeschaltetem Verschiebegang im Wandlerbereich mit einer Geschwindigkeit von etwa 7 km/h. Beim Anfahren im Steilstreckenbereich hatte man Zugkraftspitzen in der Größenordnung von über 12 800 kg bis 17 800 kg gemessen. Der dabei feststellbare Reibwert (auf trockenen Schienen) lag bei 420 kg/t. Wegen des am Radumfang gleichförmigen Drehmomentes war dieser Wert noch ohne Sanden erreichbar.

Die V 36 hatte sich also auch bei solchen Sonderdienstplänen hervorragend bewähren können. Und noch 1979 fuhr die Raritäten-Diesellokomotive Nr. 2018 (Abb. 58) der Stadtwerke Frankfurt (Main), zuvor bei der Frankfurter Localbahn AG (FLAG), im Güterzugverkehr zwischen Oberursel Bahnhof und Heddernheim. Es handelt sich um eine ehemals von Schwartzkopff im Jahre 1938 gebaute Heereswaffenamts-Diesellok, die in Frankfurt mit einem Stromabnehmer (über dem Vorbau) unter der Oberleitung fährt, wo sie ihn zur Schaltung von Signalkontakten benötigt, sonst aber weiter mit dem Dieselmotor arbeitet. Noch sind längst nicht alle dieser langlebigen Kriegslokomotiven verschwunden. Und selbst den ganz schweren, im Jahre 1937 dem Kruppschen Unternehmen in Auftrag gegebenen dieselelektrischen Doppellokomotiven V 188 war ein verhältnismäßig langes Leben beschieden. Das letzte dieser unter den Nummern D 311.01 A/B bis D 311.04 A/B gelieferten, insgesamt acht Einzeltriebfahrzeuge kam 1976 nach Italien, nachdem es von der Deutschen Bundesbahn mit der Betriebsnummer 288 002 im Jahre 1973 ausgemustert worden war. Zweck dieser schwersten, jemals für die Deutsche Wehrmacht gebauten Diesellokomotiven, die von Siemens elektrisch ausgerüstet worden sind, war der Transport schwerster Eisenbahngeschütze und die Erzeugung des elektrischen Stromes für die Montage-Kräne zum Aufbau der Geschütze und für den Betrieb der Munitionsaufzüge während der Feuergefechte. Nachdem die Maschinen im Süden der Sowjetunion und auch an der rumänischen Schwarzmeerküste eingesetzt wurden, konnten nach dem Krieg bei der DB drei Doppeleinheiten wieder zusammengestellt werden. Aber nur zwei Einheiten (V 188 001 a/b und V 188 002 a/b) sind betriebsfähig gemacht und auch mit neuen Motoren versehen worden (Abb. 60). Zu den Hauptaufgaben dieser dann in

288 001/002 umgezeichneten Maschinen gehörten der schwere Güterzugbetrieb (Aschaffenburg, Gemünden/Main, Bamberg) und der Nachschubdienst (beispielsweise Laufach). Jene speziellen Einzelgängerinnen, denen durch die Kriegszerstörung der Kruppschen Fertigungsstätten keine weiteren folgten, hatten mit ihren MAN-Motoren (zweimal 1050 PS bei 700 U/min) eine Nennleistung von 2100 PS. Sowohl diese Größenordnung als auch die dabei verwendete elektrische Kraftübertragung mit Einzelachsantrieb bildeten zusammen ein Novum im seinerzeitigen deutschen Diesellokomotivbau. Da anschließend, also in den Kriegsjahren, keine weiteren Neuentwicklungen verwirklicht werden konnten, gilt die V 188 als ein vorläufiger Abschluß in der Konstruktion der Zeit des sogenannten Dritten Reiches. Als jene „Wehrmacht-Lokomotiven" im Jahre 1950 der Deutschen Bundesbahn zum Kauf angeboten wurden, mußten die beiden noch zu verwendenden Doppellokomotiven zunächst aufgearbeitet werden, und das besorgte Krauss-Maffei in München. Von 1956 bis 1957 wurden die veralteten MAN-Motoren durch 1000-PS-Einheitsmotoren von Maybach unter Verwendung eines Untersetzungsgetriebes ersetzt. So verfügen die beiden, im Frühjahr 1968 umgenummerten Doppellokomotiven 288 001 und 288 002 jeweils über 2000 PS installierter Leistung. Die Lok mit der Betriebsnummer 001 wurde dann aber bereits am 22. September 1969 ausgemustert und bald verschrottet. Die Lok 002 kam Mitte März 1973 auf den Zerlegeplatz in Feldkirchen bei München, wo schon die Schwester zerlegt wurde, erfuhr jedoch ein anderes Schicksal und wurde sogar noch einmal umgebaut. Die Dieselmotoren brauchte man noch bei der DB. Die Münchener Verwertungsfirma Layritz ließ sie entfernen und erhielt dafür ausgemusterte MAN-Motoren aus abgestellten Lokomotiven der Baureihe 280 der DB. Dann ging die dieselelektrische „Wehrmacht"-Lok auf Überführungsfahrt nach Italien in den Raum Udine/Triest.

Die Bauweise als Doppellokomotive hatte jedoch raritätenhafte Vorbilder: die für den Paris-Nizza-Expreßzug gebauten 2'Co2' + 2'Co2'-Diesel-Doppeleinheiten 262 AD 1 (Fives-Lille, MAN, Jeumont) und 262 BD 1 (Homecourt, CCM-Sulzer, Jeumont) sowie die große rumänische 2'Do1' + 1'Do2'-Doppellokomotive der CFR. Die beiden französischen Maschinen, erstere (Abb. 61) mit einer installierten Gesamtleistung von 4520 PS, die andere mit 4400 PS, konnten 400-Tonnen-Anhängelasten bei Ausnutzung der Streckenhöchstgeschwindigkeit von 130 km/h in einem Leistungsprogramm befördern, das es zuvor noch niemals für europäische Diesellokomotiven gegeben hat. Die Lokomotive 262 BD 1 war mit 33 050 mm um 350 mm länger und mit 228 t auch um etwa 4 t schwerer als die Lok 262 AD 1. Die BD 1 hatte eine Antriebsanlage mit dem Sulzer-Doppelreihen-Motor 12 LDA 28, der damit erstmalig verwendet worden ist. Im Gegensatz zur AD 1 mit Sécheron-Antrieb wies die BD 1 den bekannten Federtopf-Antrieb auf.

Im Jahre 1938 gingen beide Riesenlokomotiven in den Betrieb, wobei man sie eigentlich von Paris aus bis an die Riviera fahren lassen wollte. Doch der Plandienst bis Lyon wurde zur Regel, womit ein Tagesumlauf von etwa 1020 km erreicht wurde. Der Krieg unterbrach um die Jahreswende 1939/1940 den Fahrplan-Einsatz, und erst 1945 machte man beide Maschinen wieder fahrbereit. Vorher mußten 440-Tonnen-Züge, nun aber 550 und mehr Tonnen befördert werden. Nachdem die Linie Paris — Lyon elektrifiziert war, machten die Lok 262 AD 1 (27 t Anfahrzugkraft, 12500 kg Stundenzugkraft bei 87 km/h) und BD 1 (24 t Anfahrzugkraft, 9200 kg Stundenzugkraft bei 88 km/h) Dienst zwischen Lyon und Nizza mit Tagesleistungen von rund 1100 km. Im Jahre 1957 folgte die Ausmusterung, und beide Maschinen verzeichneten Laufleistungen von über einer Million Kilometern. Die Lok BD 1 erzielte insgesamt sogar 1,6 Millionen Kilometer!

Eine Probelokomotive mit 30 Meter Länge für den Predeal-Paß

Als man Mitte der dreißiger Jahre unseres Jahrhunderts die Idee, die rumänische Hauptstrecke Bukarest — Braşov auf dem steigungsreichen Abschnitt Campina — Braşov zu elektrifizieren, fallen ließ, entschloß man sich, eine starke Dieselprobelokomotive zu bestellen. Denn damals konnten in Spitzenverkehrszeiten die Dampflokomotiven die schweren internationalen Züge nur noch in Drei- oder Vierfach-Bespannung bewältigen. Verschiedentlich war man sogar gezwungen, den neigungsreichen Streckenabschnitt mit Hilfe von Umleitungsstrecken zu umfahren.
Die Dieselzug-Förderung, für ein Land damaliger ergiebiger Erdölförderung eine brauchbare Lösung, hatte also Chancen. Im Herbst 1936 gab die Rumänische Staatsbahn an die Gebrüder Sulzer AG in Winterthur den Auftrag zur Entwicklung und Lieferung einer leistungsfähigen Diesellokomotive. Sulzer war Hauptunternehmerin und hatte die Federführung, konnte jedoch auf eine Kooperation mit Brown, Boveri & Cie in Baden (Schweiz) und Henschel & Sohn in Kassel nicht verzichten. Auf diese Art entstand schließlich die erwähnte mächtige 2'Do1' + 1'Do2'-Doppellokomotive (Abb. 62, 63) mit elektrischer Kraftübertragung. Die mit 4400 PS Motorleistung und acht Treibradsätzen ausgestattete Lok war für 600 t Anhängemasse auf der genannten Strecke ausgelegt. Das große, fast 30 Meter lange Fahrzeug mußte kleinste Gleishalbmesser von 275 m und Weichen mit Ablenkungen von 1 : 8 anstandslos beherrschen. Dafür sorgten sowohl die gelenkige Doppellokomotivbauart, die Spurkranzschwächungen (15 mm) der beiden mittleren Treibradsätze jeder Halblokomotive, die vor- und nachlaufenden Drehgestelle als auch die in Henschel-Sonderbauweise ausgeführten einachsigen Lenkgestelle mit ideellem Drehpunkt nach Muster der deutschen Reichsbahn-Ellok E 05. Henschel entwickelte und fertigte den Mechanteil, darunter die Hauptrahmen (in Schweißausführung) und die Kastenaufbauten der Halblokomotiven, Sulzer sorgte für die beiden Zwölfzylinder-Dieselmotoren mit je 2200 PS Nennleistung. Als besonderes Merkmal wiesen die Motoren zwei Kurbelwellen in gemeinsamem Gehäuse mit Antrieb des Hauptgenerators über ein Zahnradgetriebe auf. Diese Zweiwellenmaschinen, schwingungstechnisch nicht unproblematisch, wurden nach dem Büchi-System aufgeladen. Sie arbeiteten nach dem Viertaktverfahren mit direkter Einspritzung. Die beiden Hauptgeneratoren und die acht Gleichstrom-Fahrmotoren der Doppellokomotive sowie die Schaltausrüstung hatte BBC entwickelt. Die Rumänische Staatsbahn ließ 20 t Höchstachsdruck zu. Dieser Grenzwert konnte jedoch um etwa 1 t unterschritten werden. Es sind folgende Hauptabmessungen interessant für uns:

Dienstmasse der Doppellok	230 t
Leermasse	218 t
Reibungsmasse mindestens	148 t
Größte Radlast (Treibradsätze)	19 t
Länge über Puffer	29 300 mm
Gesamtradstand	26 000 mm
Drehgestellradstand	2 400 mm
Treibraddurchmesser (neu)	1 350 mm
Laufraddurchmesser	1 000 mm
Breite über Blech	3 000 mm
Größte Höhe über SO	4 480 mm
Dieselmotoren	
Bohrung x Hub	310 x 390 mm
Stundenleistung je Motor (bei 700 U/min)	2 200 PS (1620 kW)
Dauerleistung je Motor (bei 620 U/min)	1 900 PS (1400 kW)
Größte Zugkraft	36 000 kg (353,2 kN)

Stundenzugkraft bei 33,5 km/h	24 400 kg (239,4 kN)
Dauerzugkraft bei 48 km/h	17 400 kg (170,7 kN)
Höchstgeschwindigkeit	100 km/h

Nach den Probefahrten auf der Strecke Winterthur — St. Gallen (Schweiz) kam die Lokomotive im November 1937 in den Plandienst auf der Strecke Bukarest — Braşov. Der Zweite Weltkrieg machte das Vorhaben, weitere Einheiten zu beschaffen, zunichte. So blieb jene damals zu den leistungsstärksten und größten Diesellokomotiven der Welt gehörende Maschine eine Einzelgängerin. Sie zeichnete sich durch relativ geringe Wartungskosten aus und hat bis in die sechziger Jahre nach dem Zweiten Weltkrieg im Streckennetz der CFR des Raumes Bukarest, Predeal-Paß (26 Promille Steigung, 600-t-Anhängemasse mit 35 km/h), Braşov und Cluj noch Dienst getan. Auch als stationäre Kraftanlage mußte sie herhalten. Heute befindet sich die stattliche und noch gut erhaltene Maschine (Betriebsnr. 241 001 der CFR) im Lokomotivmuseum beim Bahnbetriebswerk Bukarest Nord.

Aus den Anfängen der Großdiesellokomotiven — Pionierkonstruktionen in Deutschland und in Italien

Unter den bemerkenswertesten großen Diesellokomotiven mit direktem Antrieb haben vor allem die Pionierbauarten und -entwürfe von Sulzer-Klose-Borsig (2B2-Lokomotive des Jahres 1910), der Maschinenfabrik Esslingen (2C2-Entwurf des Jahres 1927 und spätere gemeinsam mit der MAN erarbeitete Projekte), von Felix Meineke (2C2-Entwurf von 1927) und von Ansaldo (1C2-Lokomotive des Jahres 1927) Lokomotivgeschichte „gemacht“. Die Zeit bis gegen Ende der zwanziger Jahre brachte die Entwicklung einen großen Schritt voran, wenngleich die Mißerfolge nicht ausblieben. Das betriebliche Versagen der Lokomotiven von Sulzer-Klose-Borsig und von Ansaldo war wohl vor allem auf das Verfahren zurückzuführen, die Zugmasse mit Preßluft bis zur Zünddrehzahl des Antriebsdieselmotors zu beschleunigen.

Die auf Adolph Kloses Betreiben gegründete „Gesellschaft für Thermolokomotiven, Diesel-Klose-Sulzer GmbH“ hatte sich schon 1906 das Ziel gesetzt, Motorlokomotiven zu entwickeln, bauen zu lassen und zu verkaufen. Tatsächlich bestellte die Königlich Preußische Eisenbahn-Verwaltung (KPEV) am 16. April 1909 die bereits genannte 2B2-Lokomotive (Abb. 47), deren Entwurfshöchstgeschwindigkeit 100 km/h betrug. Ein 200-t-Schnellzug sollte in der Ebene mit 90 km/h befördert werden können. Mit einer Dieselmotor-Drehzahl von 304 Umdrehungen je Minute (also bei 100 km/h Fahrgeschwindigkeit) sah die Auslegung eine Leistung von 1200 PS (883 kW), bei 240 Umdrehungen (entsprechend 80 km/h) von 1000 PS (736 kW) vor. Das Bemerkenswerte an dieser ersten Großdiesellokomotive war nicht nur der unmittelbare Antrieb, sondern auch der quergestellte Vierzylinder-Dieselmotor, dessen Zylinder in V-Anordnung mit 90 Grad V-Winkel geneigt waren. Die Kurbelwelle diente gleichzeitig als Blindwelle für den Kuppelstangenantrieb. Der Antriebsmotor mit 250 Liter Hubraum arbeitete nach dem Zweitaktverfahren ebenso wie der zusätzliche Zweizylinder-Hilfsdiesel für die Erzeugung der Druckluft.

Wie sich später herausstellte, reichte die Druckluft für den wenig startfreudigen Antriebsdiesel oft nicht aus. Und die Zünddrehzahl wurde meist nicht schon bei 10 km/h (30 U/min), sondern erst bei 20 km/h (60 U/min) erreicht. Die im September 1912 im Raum Winterthur durchgeführten ersten Probefahr-

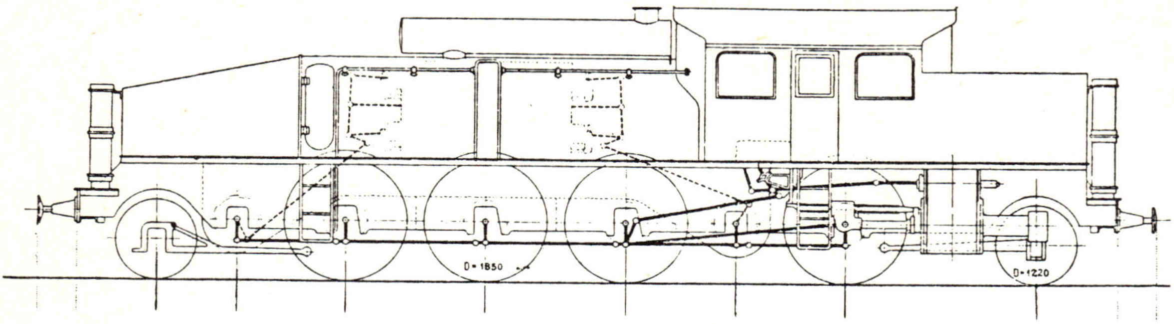

Ansaldo-Lokomotivprojekt D 1413 einer 1'D1'-Diesellokomotive mit direkter Kraftübertragung, Höchstleistung 1850 PS bei 100 km/h, Entwurf des Jahres 1927 (Bild: Ansaldo)

ten ließen außerdem Mängel an der Kühlung zutage treten, so daß man sich zu Umbauarbeiten entschließen mußte. Erst im Mai 1913 ging man sowohl in der Schweiz als auch in Deutschland wieder an Versuchsprogramme mit dieser schweren, umsteuerbaren Lokomotive heran. Der hereinbrechende Erste Weltkrieg setzte jedoch allen weiteren Bemühungen der KPEV, der Dieselzugförderung eine Chance einzuräumen, ein Ende.

Adolph Klose hatte schon vor dieser KPEV-Lokomotive einen Entwurf für eine unmittelbar angetriebene Diesellokomotive fertig und wandte sich damit an die Maschinenfabrik Esslingen, die eigentlich jenen Vorschlag mit dem Bau der Lok im italienischen Zweigwerk Saronno verwirklichen wollte. Die Fertigung scheiterte jedoch in erster Linie an kommerziellen Überlegungen, aber auch an den Schwierigkeiten, einen geeigneten und betriebstüchtigen Lokomotiv-Dieselmotor herzustellen.

Erst in der Zeit nach dem Ersten Weltkrieg befaßte man sich wieder intensiv mit den Problemen des Entwurfes und Baues von Großdiesellokomotiven sowohl in Esslingen als auch im Ausland. So beteiligte sich beispielsweise das italienische Unternehmen Giov. Ansaldo in Genua an der allerdings noch sehr wenig koordinierten Versuchsarbeit. Seit etwa 1919 begann man bei Ansaldo mit einer Reihe von Studien und Experimenten, um allmählich zu einem „Originaltyp" zu kommen. Auch hier gewann die direkte Antriebsart schließlich die entscheidende Bedeutung. Zur hydraulischen, pneumatischen und elektrischen Leistungsübertragung hatten die Ingenieure in Genua damals noch viel zu wenig Vertrauen. Ansaldo ließ sich durch die Fehlschläge der Sulzer-

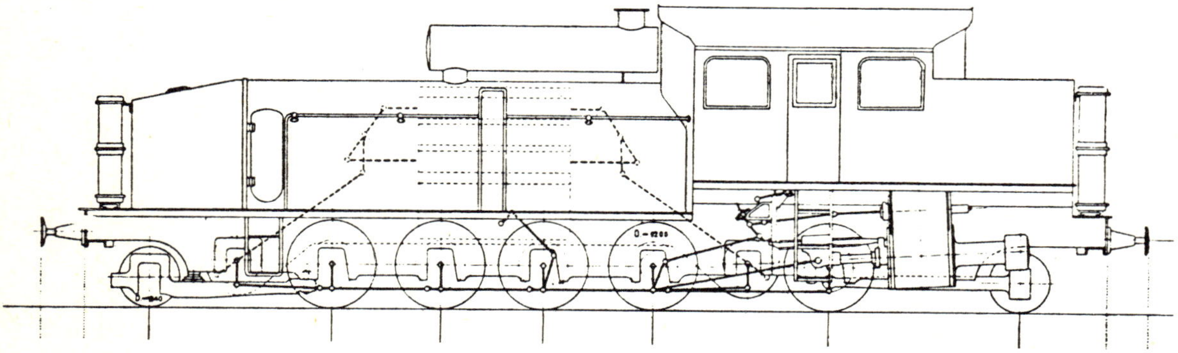

Ansaldo-Lokomotivprojekt D 1511 einer 1'E1'-Diesellokomotive mit direkter Kraftübertragung, Höchstleistung 2200 PS bei 55 km/h, Entwurf des Jahres 1927 (Bild:Ansaldo)

Klose-Borsig-Lokomotive nicht beirren und machte zunächst einen eigens entwickelten Spezialmotor zum Gegenstand ausführlicher Studien. Und erst nach weiteren theoretischen Untersuchungen mit mehreren Direktübertragungsanordnungen reifte der Entschluß zum Bau einer Probelokomotive mit einem speziellen Zweitakt-Dieselmotor heran. Es entstand so im Jahre 1928 ein imposantes 1C2-Diesel-Triebfahrzeug, dessen langwierige Entwicklungs- und Fertigungsarbeit manche Skeptiker schließlich überzeugte und sogar die Italienischen Staatsbahnen zur Mitarbeit anregte. Die waagerecht liegende umsteuerbare Sechszylinder-Dieselmaschine, System Junkers, bei der in jedem Zylinder zwei Kolben in gegenläufiger Richtung wirken, war eines der bedeutendsten Merkmale jener 14,2 Meter langen Normalspurlokomotive. Die sechs Zylinder lagen in zwei Ebenen jeweils zu dritt übereinander und sie waren — im Gegensatz zur Klose-Lokomotive — in Längsrichtung des Fahrzeugs angeordnet. Je zwei übereinander liegende Zylinder bildeten ein gemeinsames Paar, dessen

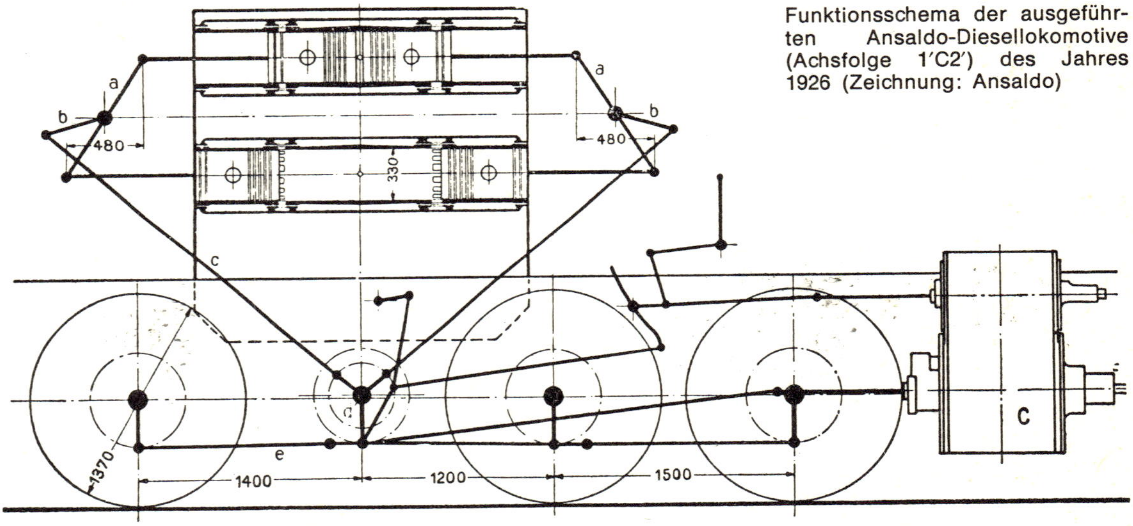

Funktionsschema der ausgeführten Ansaldo-Diesellokomotive (Achsfolge 1'C2') des Jahres 1926 (Zeichnung: Ansaldo)

Kolbenstangen durch Hebel-Gelenkverbindungen gekuppelt waren und um einen mittleren Drehpunkt schwingen konnten. An diesen Mechanismus lenkte man Kurbeln und beiderseits die Treibstangen an, die auf eine zwischen dem ersten und zweiten Kuppelradsatz gelagerte Blindwelle wirkten.

Die ventillose Junkers-Dieselmaschine konnte einen breitgefächerten Geschwindigkeitsbereich innerhalb der Grenzen von etwa 10 und 250 Umdrehungen je Minute beherrschen. Das „Ei des Columbus“ dieser Probelokomotive war die Idee, die Spülluftzylinder nach Art der Dampflokomotivzylinder zwischen den letzten Kuppelradsatz und das nachlaufende Drehgestell zu setzen. Über Kreuzkopf und Treibstange bestand die übliche mechanische Pleuelstangenverbindung zur Blindwelle. Sogar die Umsteuerung nach Vorbild Heusinger-Walschaerts fehlte nicht. Beim Anfahren erhielten die Zylinder Druckluft aus einem Behälter zugeführt, womit sich das Triebfahrzeug ähnlich einer Dampflokomotive mit Außentriebwerk in Bewegung setzen konnte. Nach Erreichen einer Fahrgeschwindigkeit, die einer Dieselmotordrehzahl von ungefähr 10 Umdrehungen je Minute entsprach, übernahm die leistungsabgebende Dieselmaschine den Antrieb, und die Spülluftzylinder erfüllten ihre eigentliche Aufgabe. Eine Eigentümlichkeit der Raritäten-Diesellokomotive war die technische Möglichkeit, in Ausnahmefällen — auf großen Steigungen beispielsweise — beide Antriebe zugleich arbeiten zu lassen, wobei die Dieselmaschine die aus den Spüllufzylindern entweichende und entspannte Druckluft für die Spülung erhielt. Diese Außenzylinder waren derart konstruiert, daß sie als dreistufige Luftverdichter funktionieren, die Preßluft für die Anfahrt-Luftbehälter und die Spülluft liefern, aber auch in gewissen Grenzen als Rekuperationsbremse bei Gefällefahrten arbeiten konnten. Die beiden ersten Stufen jener Pumpe lagen in einem gemeinsamen Block auf der einen Lokomotivseite, die dritte Stufe am Spülzylinder auf der anderen Seite. Ein anderer dreistufiger Luftverdichter stand, durch eine Schwerölmaschine angetrieben, im Führerhaus.

Die von den Italienischen Staatsbahnen mit D 1301.1001 bezeichnete regelspurige Großdiesellokomotive wurde 1928 zahlreichen Versuchsfahrten im Raum Genua-Sampierdarena, Savona und Albenga unterzogen und während der Tagung der Internationalen Eisenbahn-Kongreß-Vereinigung vom 5. bis 15. Mai 1930 in Madrid den Teilnehmern erläutert. Der Dieselmotor leistete 1100 PS (810 kW) bei 300 U/min, wobei 935 PS (688 kW) am Radumfang verfügbar waren. Die Höchstgeschwindigkeit der 84 t (Dienstgewicht) schweren Maschine belief sich auf 75 km/h. Bei den Probefahrten, teilweise vor Planzügen, sind Anhängemassen von 570 t bei Kraftstoffverbräuchen — je nach Anstrengung — von 5,6 bis 6,5 g je Bruttotonnenkilometer festgestellt worden.

Im gleichen Plandienst hatten die Dampflokomotiven einen Kohlenverbrauch von etwa 50 g je Bruttotonnenkilometer, während man den spezifischen Arbeitsverbrauch der elektrischen Lokomotiven mit 30 Wh je Bruttotonnenkilometer ansetzte.

Ansaldo und die Italienischen Staatsbahnen arbeiteten bereits an Projektstudien für ein Einheits-Diesellokomotivprogramm, wozu eine 1C-Nebenbahn-Güterzuglokomotive, eine 1C-Nebenbahn-Personenzuglokomotive, eine 1D1-Mehrzwecklokomotive für den mittelschweren Güter- und Personenzugdienst sowie eine 1E1-Mehrzwecklokomotive für den schweren Zugdienst auf Hauptbahnen gehörten. Die mittelschwere 1D1-Mikado-Diesellokomotive (Abb. 65), Betriebsnummer D 1411.101 der FS, hatte die größten Chancen auf Erfolg, geriet aber in Anbetracht anderer Entwicklungen bald ins Hintertreffen, so daß eine Verwirklichung des gesamten Programmes nicht mehr in Betracht kam. Die Ansaldo-Erprobungslok D 1301.1001 arbeitete zwar zunächst recht zufriedenstellend. Auf Steigungen mußte der Dieselmotor aber oft überlastet werden, und wiederholte Schwinghebelbrüche bereiteten dann dem verhältnismäßig unelastischen Fahrzeug ein fast genauso umrühmliches Ende, wie es zuvor die Sulzer-Klose-Borsig-Lokomotive über sich ergehen lassen mußte.

Trotzdem scheute man sich in Köln nicht, noch während der dreißiger Jahre erneut einen Versuch mit einer direktangetriebenen Diesellokomotive zu wagen. Die Arbeiten an jener 2B2-Deutz-Diesellokomotive (Abb. 66) mußten allerdings im Zweiten Weltkrieg unterbrochen werden. Die Lok war schon gefahren, erlitt dann aber Kriegsschäden. Sie hatte ein Dreizylinder-Triebwerk, dessen Mittelzylinder auf den gekröpften ersten Radsatz und deren Außenzylinder auf den zweiten Radsatz arbeiteten. Die liegenden Zweitakt-Zylinder wiesen eine Schlitzspülung auf, und der Auspuff wurde von den Zylindern senkrecht nach oben in einen querliegenden Topf geführt. Ein Umformersatz lieferte den Strom zur Zündung des Brennstoffes während der Anfahrperiode.

Anfangs wurde die Spülluft durch zwei Roots-Gebläse erzeugt, die man im hinteren Drehgestell in Tatzlager-Anordnung aufhängte und die eine Umsteuerungseinrichtung beaufschlagten, welche ja wegen des Fahrtrichtungswechsels der Lokomotive erforderlich war. Ein 150-PS-Hilfsmotor sorgte für den Betrieb von zwei kleineren Roots-Gebläsen und einem Kompressor (50 kg/cm²), der seinerseits die

Druckluft für das Anfahren und für das Reserveflaschen-Zuladen lieferte.
Nach Beendigung der Versuche auf dem stationären Prüfstand im Oktober 1936 begann man mit der Streckenerprobung bei der Deutschen Reichsbahn, wobei sich die Spülung der Lokomotivzylinder als mangelhaft erwies. Deshalb wurden die Tatzlager-Roots-Gebläse im Januar 1938 gegen ein sogenanntes Schleudergebläse ersetzt, das durch einen Sechszylinder-Hilfsdieselmotor mit 130 PS Spitzenleistung angetrieben wurde. Die aufwendige Kühlanlage für die Triebzylinder wurde über dem Kolbentriebwerk angeordnet. Sie wurde von zwei Elektrolüftern bedient. Elektrische Pumpen förderten das Kühlwasser im Kreislauf. Das Kühlwasser für die Kolbenkühlung mußte über Gelenkrohre am vorderen Ende der hohlen Kolbenstangen zu- und abgeführt werden, wozu nicht unproblematische Dichtungskonstruktionen erdacht worden waren.
Die mit einem Dampflokomotiv-Triebwerk ausgestattete 2'B2'-Diesellokomotive ist vom Lokomotiv-Versuchsamt in Berlin-Grunewald erprobt worden. Die Überführungsfahrt von Köln nach Berlin geschah in einem 100-km/h-Fahrplan mit nur einem Zwischenhalt in Hannover, und man schrieb bereits den Juni 1938. Bis zum Jahre 1940 zogen sich die Meßwagenfahrten und die systematischen Auswertungen der Ergebnisse hin. Nachteilig wirkten sich der ungewöhnlich hohe Luftwiderstand der Lokomotive, der Leistungsverlust bei Fahrgeschwindigkeiten oberhalb von 80 km/h (vor allem infolge ungenügender Zylinderspülung) und die hohen Triebwerkdrücke durch die „Zündspitzen“ aus. Die Lokomotive hatte jedoch bis 100 km/h Geschwindigkeit noch eine befriedigende Laufruhe, während sie darüber unter Laufunruhe litt, was bei Fahrten im Jahre 1936 zwischen Köln und Niederlahnstein mit 110 km/h noch keineswegs besorgniserregend war. Im zweiten Kriegsjahr mußten alle Erprobungs- und Fortentwicklungsarbeiten abgebrochen werden. Dennoch hat sich diese kurbelwellenlose, direkt angetriebene Diesellokomotive den Ruf erworben, die einzige Motorlokomotive mit direktem Antrieb gewesen zu sein, die weit über ihre Vorversuche hinauskam und mehrere Jahre mit gewissem Erfolg im Betrieb bleiben konnte. Das Deutzer Triebfahrzeug kam während seiner zahlreichen Streckenfahrten mit verschiedenen Anhängemassen (bis zu 400 t) unter anderem nach Erfurt, Zella-Mehlis, nach Hannover und Berlin. Während einiger Fristarbeiten im Herstellerwerk fiel die 87,1 t schwere Diesellokomotive den Kriegseinwirkungen zum Opfer, so daß man sie verschrotten mußte.
Wir wollen unseren Lesern die Hauptabmessungen der bereits im Sommer 1933 für die Prüfstandversuche fertig hergerichteten Lokomotive, für die Kritiker besser eine 2'C1'-Achsfolge statt der 2'B2'-Anordnung gesehen hätten, nicht vorenthalten:

Größte indizierte Leistung bei 80 km/h		
im Dieselbetrieb	1 200	PSi
im Luftzuladebetrieb	1 450	PSi
Größte Anfahrzugkraft	9 000	kg
Größte Dauerzugkraft	5 000	kg
Dienstgewicht	87,1	kg
Reibungsgewicht	36,6	t
Kuppelraddurchmesser	1 750	mm
Laufraddurchmesser vorn	850	mm
Laufraddurchmesser hinten	1 000	mm
Zylinderdurchmesser	380	mm
Kolbenhub	600	mm
Brennstoffvorrat	2 100	Liter
Luftflascheninhalt	2 200	Liter
Länge über Puffer	14 550	mm
Höchstgeschwindigkeit	110	km/h

Die 2'B2'-Deutz-Lokomotive hatte einen besten spezifischen Brennstoffverbrauch von 260 g/PSeh bei etwa 60 km/h und etwa 2700 kg Zugkraft am Haken (ohne Luftzuladung) und von 242 g/PSeh bei rund 3200 kg Zugkraft (mit Zuladung). Die Lokomotive ist nicht nur eine Konstruktion, die man zu den ausgesprochenen Raritäten rechnet, sondern sie ist auch ein Dieseltriebfahrzeug, das wertvolle Erkenntnisse für den Fortgang der Entwicklungsarbeiten beisteuerte.

Projektarbeiten nach dem Zweiten Weltkrieg — Haehndel, Meineke, Eckhardt

Die gemeinsam von der Maschinenfabrik Esslingen und der Maschinenfabrik Augsburg-Nürnberg (MAN) gebaute 2'C2'-Diesel-Druckluftlokomotive schien nach ihren Versuchsfahrten und den verhältnismäßig wenigen Einsatzdiensten mit der Reichsbahn-Betriebsnummer V 3201 (später V 120 001) schon in den dreißiger Jahren völlig abgetan. Ihre Verschrottung ließ das Thema der pneumatischen Leistungsübertragung als abgeschlossen gelten. Es war Helmut Haehndel (Esslingen), der um 1950/51 sich noch einmal mit diesem Kapitel der Lokomotivtechnik befaßte. Einfachwirkende Maschinen mit niedrigem „Verhältnis des mittleren indizierten zum maximalen Druck“ erreichen mechanische Wirkungsgrade bis um 85%, doppeltwirkende Kolbenmaschinen mit einem hohen „Verhältnis von Mitteldruck zu Höchstdruck“ erzielen dagegen bis zu 95%. Bei der in den frühen zwanziger Jahren entwickelten und 1929 abgelieferten Lok V 3201 mit einer Verdichtung atmosphärischer Luft auf 7 bar dürfte der mechanische Wirkungsgrad für das Motor-Kompressor-Aggregat, also das Verhältnis der indizierten Kompressorleistung zur indizierten Motorleistung, kaum mehr als 75% betragen haben, während — so argumentierte Haehndel — bei einer Spezialausführung mit Kompressorkolben und Motorkolben auf einer gemeinsamen Stange sich ein mechanischer Wirkungsgrad von etwa 90 bis 96% erzielen ließe. Der Leistungsunterschied mußte in Form von Wärme in Öl- oder Wasserkühlern abgeführt werden. Bei zweistufiger Verdichtung wäre ein leichterer Zwischenkühler mit luftgekühlten Lamellen möglich gewesen.

Nun hat Luft im offenen Kreislauf gewisse Nachteile. Dazu gehören die Gefahr von Ölexplosionen bei Überhitzungen infolge von Ventilundichtigkeiten, das relativ große spezifische Gewicht der Luft (verursacht bedeutende Widerstände und geringe Strömungsgeschwindigkeiten) sowie die Vereisungsgefahr, durch den Wasserdampfgehalt der Luft, in den Zylindern. Haehndel schlug deshalb in seinem Neuentwurf ein leichteres Gas als Luft im Hochdruck-Kreislauf vor, wobei die Verwendung von beispielsweise Methan möglich wäre. Hierbei, so meinte Haehndel, seien Explosionen im Kreislauf auszuschließen. Außerhalb dessen (bei Undichtigkeiten) sei die Gefahr sehr gering, weil das Gas spezifisch leichter ist als Luft und die Zündfähigkeit eines Gas-Luft-Gemisches in verhältnismäßig engen Grenzen liegt. Haehndel dachte bei seinem Entwurf und bei seinen theoretischen Untersuchungen in erster Linie an den Bau einer, nach Gedanken von Professor Felix Meineke zu verwirklichenden „Reichgas“-Lokomotive mit etwa 1200 PS effektiver Leistung am Radumfang.

Ein Gebläse saugt Luft an und verdichtet sie als Spül- und Ladeluft. Das Treibgas wäre — ähnlich der Dieselmaschine — erst kurz vor dem Totpunkt in den Zylinder einzuführen. Die dann austretenden Verbrennungsgase würden doppelt genutzt, nämlich zur Erwärmung des Treibgases und in einer „Entspannungsturbine“. Je ein Motor- und Kompressorzylinder wären auf einer gemeinsamen Kolbenstange angeordnet. Das Gas wird durch die Motorabgase erhitzt, expandiert dann in den Antriebszylindern und würde diese dann mit einer gewissen Temperatur verlassen, wobei man noch einen Heizkessel beaufschlagen könnte. Die Antriebsmaschine könnte beispielsweise aus einem Zweizylinder-Triebwerk (250 mm Durchmesser und 280 mm Hub) je Treibradsatz bestehen, so daß sich der *Einzelachsantrieb* recht gut verwirklichen ließe. Man könnte die Antriebsmaschinen, öl- und staubdicht gekapselt, außen am Lokomotivrahmen befestigen. Und selbst das Motor-Kompressor-Aggregat würde als leicht auswechselbare Einheit nur bescheidene Außenabmessungen erhalten. Genau wie bei der Kolbendampflokomotive ließe sich auch hier das Triebwerk durch Änderung der Füllung regeln. Der Autor jenes Projekts, das allerdings nicht aus dem Rechner- und Reißbrettstadium herausgekommen ist, räumte ein, daß dieses beschriebene pneumatische Verfahren natürlich nicht auf Lokomotiven mit Gasmotor beschränkt, sondern auch für reine Dieselmotoren verwendbar ist.

Im April 1950 veröffentlichte Friedrich Wilhelm Eckhardt den Entwurf einer bemerkenswerten Großdiesellokomotive mit vier Triebradsätzen und je einem vorderen und hinteren Laufradsatz. Eckhardt verglich diesen Entwurf mit einer etwa gleichstarken 1'E1'-Heißdampf-2500-PS-Dampflokomotive, und er kommt zum Ergebnis, daß bei ungefähr gleicher Leistungscharakteristik die Diesellokomotive infolge des gleichmäßigeren Zugkraftverlaufs mit einem geringeren Reibungsgewicht auskommt. Weil bei dieser Diesellokomotive außerdem der Kuppelstangenantrieb und damit die Radsatzgegengewichte entfallen, kann der Achsdruck (Achsfahrmasse) um 15% größer sein als bei der Dampflokomotive. Mit vier Triebradsätzen ergibt sich dabei eine Reibungsmasse von 82,8 t gegenüber 90 t der Vergleichs-Dampflokomotive. Eckhardt ging bei seinem Diesellokentwurf von der damaligen Konstruktionspraxis aus, wonach die bisher ausgeführten wenigen diesel-hydraulischen Lokomotiven mit Blindwellen und Kuppelstangen-Kraftübertragung arbeiteten. Er schlug deshalb einen Zahnradantrieb vor, wobei ein Zahnradgetriebe jeweils zwei Radsätze unmittelbar „beaufschlägt“. Der — allerdings niemals verwirklichte — Entwurf sah eine Fahrzeugführung in beiden Fahrtrichtungen durch je ein dreiachsiges Eckhardt-Gestell vor. Dabei sollten die Deichseln zwischen Trieb- und Laufradsätzen, des projektierten Hohlantriebs wegen, eine spezielle konstruktive Ausbildung erfahren. Eine zweiteilige Anordnung der Deichsel gestattete den beiden Gestell-Radsätzen, alle auftretenden Relativbewegungen ohne Zerrungen in der Deichsel auszuführen. Die Hohlachsen hätten, dem Entwurf zufolge, mit Pawelka-Kupplungen an die Triebradsätze angelenkt werden müssen.

Die Bemühungen aus der Zeit der letzten Kriegs- und ersten Nachkriegsjahre zeigen, auf welche Ideen man kam, um vom Blindwellen- und Kuppelstangenantrieb loszukommen. Der geschilderte Diesellokomotiventwurf entstand ein Jahr vor seiner Veröffentlichung. Er sah bei jener 16 500 mm langen und 113 t schweren Lokomotive schon zu damaliger Zeit einen einzigen Dieselmotor (mit zwei Kühlanlagen) vor, der die Gesamtleistung aufzubringen hatte.

Lokomotivtechnisches Neuland bei der Deutschen Bundesbahn

Die zehn vierachsigen Diesellokomotiven der Baureihe V 80 der DB wurden verschiedentlich als „Prototyp-Studien-Lokomotiven“ bezeichnet. Immerhin leisteten sie hierzulande technische Schrittmacherdienste: Es waren die ersten großen deutschen Strecken-Diesellokomotiven mit hydrodynamischem und Gelenkwellen-Antrieb. Die laufachslosen Drehgestell-Lokomotiven (Abb. 67—69) sollten auch im schwereren Verschiebedienst einzusetzen sein und darüber hinaus die Brauchbarkeit des Gelenkwellenantriebes im Hinblick auf spätere noch leistungsfähigere Diesellokomotiven nachweisen.

Trotz Betretens von lokomotivtechnischem „Neuland“ blieben die Bestrebungen einer Vereinheitlichung von Basisbauteilen und -Baugruppen nicht unbeachtet. Die Vereinheitlichung der Maschinenanlagen geschah in einer Konstruktionsgemeinschaft, die unter Leitung des damaligen Eisenbahn-Zentralamtes München stand und als Hauptbeteiligte die Unternehmen Daimler-Benz, MAN, Maybach, Voith sowie spezialisierte Firmen der Schienenfahrzeug-Industrie umfaßte. Die Lokomotive V 80 selbst wurde wiederum vom Eisenbahn-Zentralamt München als Gemeinschaftskonstruktion in Zusammenarbeit mit Krauss-Maffei unter Beteiligung von der Maschinenbau Kiel AG (MaK), der Lokomotivfabriken Esslingen, Henschel, Jung und Krupp entwickelt. Der Bauauftrag über insgesamt zehn Lokomotiven wurde zu gleichen Teilen an die Firmen Krauss-Maffei in München und Maschinenbau Kiel AG in Kiel-Friedrichsort vergeben. Zu den geplanten weiteren Vergebungen kam es nicht mehr.

Der Verfasser spricht jene, heute längst nicht mehr im Bundesbahndienst stehenden Lokomotiven der Reihe V 80 (später 280) als Raritäten an. Für die konstruktive Gesamtkonzeption gab es doch immerhin — in Abweichungen früherer Entwurfsgrundlagen — bemerkenswerte neuartige und damals eigenwillige Lösungen. Dazu gehört zunächst der Antrieb aller vier Achsen einer Drehgestell-Lokomotive von einem Getriebe aus über Gelenkwellen. Dazu gehört auch der hochliegende mittlere Führerstand mit freier Sicht über die gesamte Lokomotive nach beiden Seiten. Der begehbare Maschinenraum mit guter Zugänglichkeit der Maschinenanlagen sowie die Möglichkeit einmänniger Besetzung, der Vielfachsteuerung und des Angebots, eine eigene Heizkesselanlage für die Zugheizung unterzubringen sind weitere Merkmale, welche diese Lokomotiven zu einer Art Pionierbaumuster am Beginn eines großzügigeren Bundesbahn-Diesellokomotiv-Typenprogramms abgestempelt haben. Wir müssen die tiefere Bedeutung dieser Argumentation an Hand der Unterlagen über die damaligen Entwurfsüberlegungen noch klarer machen: Der Dieselmotor und das Flüssigkeitsgetriebe wurden im Gegensatz zu der in jener Zeit bei Triebwagen üblichen Anordnung nicht im Drehgestell, sondern im Lokomotivrahmen gelagert. Die Antriebsleistung wurde vom Motor über eine Gelenkwelle zum Flüssigkeitsgetriebe und von dort weiter mit Gelenkwellen über die Umschalt- und Verteilergetriebe in jedem Drehgestell zu den Kegelrad-Achstrieben übertragen. Es konnten *keine* Drehzapfen untergebracht werden, dafür hatten die Konstrukteure ein Lenkergestänge entwickelt, welches das Drehgestell um einen ideellen Drehpunkt führt.

Mit besonderer Sorgfalt untersuchte man die wichtige Frage, ob der Einbau von Differentialgetrieben notwendig sei. Nachdem man im Hinblick auf die Erfahrungen mit mehrfach gekuppelten Dampflokomotiven glaubte, ohne Differential den Radschlupf beherrschen zu können, kam der Gedanke auf, mit Hilfe von Rutschkupplungen die schädlichen Auswirkungen etwa auftretender *Ausgleichdrehmomente* auffangen zu können. Durchgeführte Messungen des Drehmomentverlaufes in den Gelenkwellenantrieben gekuppelter Radsätze mit bis zu 2 Promille Durchmesserunterschied bestätigten schließlich, daß die beim Fehlen eines Differentials auftretenden Ausgleichdrehmomente gegenüber den Lastdrehmomenten vernachlässigbar sind und auch keine gefährlichen Drehschwingungen erzeugen. Welche umfassenden und abwägenden Überlegungen die Konstrukteure auch mit Rücksicht auf den unvollkommenen Ausgleich der Kardanfehler, besonders bei den kurzen Gelenkwellen eines Drehgestelles, und die damit verbundenen Schwingungserregungen anstellen mußten, ist im allgemeinen nur Fachleuten bekannt. Festzuhalten ist aber, daß die Lokomotiven der Reihe V 80 einen enormen Wissensstoff und Erfahrungsschatz geliefert haben. Die von April 1952 an eingesetzten 1000-PS-Nennleistungs-Lokomotiven für 100 km/h Höchstgeschwindigkeit (Langsamgang für 50 km/h) legten allein im Jahre 1957 zusammen 1,13 Millionen Kilometer, also etwa 422 km je Betriebstag, zurück. Sie wurden für den Einbau des Zugbahnfunks und für die Anordnung der automatischen Kupplung vorbereitet. Aber im Frühjahr 1978 endete dann ihr Einsatz bei der Deutschen Bundesbahn, Bahnbetriebswerk Bamberg. Die Lok 280 002 wird im Verkehrsmuseum Nürnberg erhalten bleiben. Die Lok 280 010 kam zur Hersfelder Kreisbahn. Andere Lokomotiven wurden italienischen Käufern angeboten (Abb. 69). Auch die von Krauss-Maffei gebaute Lok 230 001 (eine Einzelgängerin bei der DB) befand sich bereits zum Ankauf im Jahre 1978 in Udine. Aber man schickte die große sechsachsige Lok (Abb. 70, 71) schließlich wieder in die Bundesrepublik zurück. Sie kam ins Ausbesserungswerk München-Freimann und wurde schließlich am 15. 1. 1979 nach Penzberg zum Verschrotten übergeführt.

Die stärksten Diesellokomotiven der Welt

Als die sechsachsige Drehgestell-Lokomotive V 320 (Abb. 72, 73) im Hause Henschel, Kassel, entstand, war sie mit einer installierten Leistung von 4023 PS die stärkste dieselhydraulische Einrahmen-Lokomotive der Welt. Schon im Entwurf des Diesellokomotiv-Typenprogramms der Deutschen Bundesbahn war bereits in den Jahren 1955/56 eine Hochleistungs-Diesellokomotive vorgesehen. Sie sollte als Mehrzwecklokomotive für den schweren Güterzug- und Schnellzugdienst eingesetzt werden. Man plante bei der — später auch ausgeführten — Achsfolge C'C' den Einbau von zwei Motorenanlagen der Bundesbahn-Lok V 160 und einer hydrodynamischen Kraftübertragung. Wegen des weitaus dringenderen Bedarfs an kleineren Diesellokomotiven der damaligen Gattungen V 100 und V 160 verzögerte sich die Entwicklung der leistungsstärkeren C'C'-Lokomotive. Und so wurde die erste V 320-Lokomotive, zunächst mit einer Gebrauchsdauerleistung von 2 x 1900 PS (zwei 16-Zylinder-Daimler-Benz-Motoren mit Ladeluftkühlung und 1475 U/min), erst im Jahre 1962 dienstfertig. Jeden der sechs Radsätze hatte man sowohl mit Außenlagern als auch mit Achslenkern ausgerüstet. Die 1100 mm großen Räder erhielten Scheibenbremsen. Darüber hinaus hatte jedes Drehgestell auch eine Magnetschienenbremse. Die mit 126 Tonnen Achsfahrmasse (bei vollen Betriebsvorräten) außergewöhnlich schwere deutsche Diesellokomotive wurde von Henschel auf eigene Rechnung gebaut und an die DB als Mietlokomotive geliefert. Sie war bis um das Jahr 1963 die stärkste Einrahmen-Diesellokomotive der Welt. Diesen Ruf teilte sie allerdings dann noch mit den etwa zur gleichen Zeit bei Krauss-

Maffei für Bahnen der USA (Abb. 77—79) und bei Henschel für die Sowjetunion im Bau befindlichen 4000-PS-Diesellokomotiven. Erst später gab es auf USA-Bahnen eine noch stärkere Bauart in der Größenordnung von 5000 PS (3680 kW) bei etwa 25 500 mm Lokomotivlänge. Die 23 000 mm lange deutsche Lok V 320 (spätere Baureihe 232 der DB) zeichnete sich übrigens durch eine sehr sorgfältig durchdachte Bremsausrüstung aus. So hatte die besonders schnell wirkende Scheibenbremse (mit Umstellung für Güter-, Personen- und Schnellzugdienst) einen speziellen, vom Radsatz angetriebenen Bremsdruckregler. Der Regler schaltet bei etwa 50 km/h Geschwindigkeit von „hoch" auf „nieder" und umgekehrt, damit die Bremskraft der Lok-Scheibenbremse derjenigen der mit Klotzbremsen ausgerüsteten Wagen angepaßt wird, die im GP-Bereich keinen Druckübersetzer haben. Der hohen und niederen Abbremsung sind die Bremszylinderdrücke von 3,7 und 2,8 kg/cm² zugeordnet worden. In der R-Stellung der Umstellvorrichtung (Rapid-Bremse) existiert bei jeder Geschwindigkeit die hohe Abbremsung. Mit der zusätzlich eingebauten Magnetschienenbremse wird bei einer Geschwindigkeit über 140 km/h der vorgeschriebene Bremsweg erreicht. In der Schnellbremsstellung schaltet sich die Magnetschienenbremse automatisch über einen Kontakt hinzu.

Die für 160 km/h Höchstgeschwindigkeit auf DB-Strecken zugelassene Lokomotive (Langsamgang mit 100 km/h Höchstgeschwindigkeit) ist mit Geschwindigkeiten bis in die Größenordnung von 180 km/h erprobt worden. Sie blieb aber eine Einzelgängerin. Mit fortschreitender Elektrifizierung des Streckennetzes der DB fand die Lokomotive dieser Leistungsgruppe und dieser Achsfahrmasse auf den verbliebenen, nichtelektrifizierten Strecken kein geeignetes Einsatzgebiet mehr. Deshalb wurde die von V 320 001 in 232 001 umgenummerte Lokomotive im Jahre 1976 an die Hersfelder Kreisbahn verkauft (Abb. 74).

Eine Einzelausführung blieb auch die innerhalb des Einheits-Diesellokomotiv-Typenprogrammes entwickelte Erprobungslok V 169 001 (spätere 219 001 der DB) mit Gasturbinen-Antrieb (Abb. 75), die inzwischen nach jahrelangen Plandiensteinsätzen aus dem Betrieb genommen wurde. Die zuvor, im Jahre 1959, bestellten nahezu zwanzig Meter langen 2700-PS-Diesellokomotiven für die Türkischen Staatsbahnen hatte Krauss-Maffei mit Zentralführerhaus konstruiert, womit sie bei dieser Leistungsgröße (und kleiner Stückzahl) zur Besonderheit wurden (Abb. 76).

Raritätenhafte Vielfalt in den USA — Schwergewichtler und schnelle Zweikraft-Lokomotiven

Nachdem um 1960 die „Verdieselung" der nordamerikanischen Eisenbahnen so gut wie abgeschlossen war, befanden sich auf den USA-Bahnen bereits 28 500 Diesellokomotiven im Dienst. Die Nationalen Eisenbahnen Kanadas besaßen damals etwas mehr als 2000 und die Canadian-Pacific-Bahnen etwa 1300 Diesellokomotiven. Die spätere Zeit war vom Serienbau geprägt. Die Zahl der Erprobungs- und Pionierlokomotiven ging zurück, zumal vor allem in den Vereinigten Staaten das Verkehrsaufkommen auf der Schiene recht schnell sank und nur noch der Güterzugverkehr und der Nahverkehr der Großstadtballungen Bedeutung hatten.

Nordamerikanische Unternehmen hatten jedoch einen ganz wesentlichen Anteil an der Diesellokomotiventwicklung für die Eisenbahnen der Welt. Und ihre Experimentierfreudigkeit — wie in Europa von unterschiedlichem Erfolg gekrönt — verdient ausdrücklich betont zu werden. Wir können in diesem

Zusammenhang bereits auf die vielfältigsten erprobten Dieselmotoren-Bauarten aufmerksam machen: Man verwendete zwar überwiegend den Zweitakt-Motor mit Spülgebläse, der von General Motors mit gesteuertem Auslaßventil und von Fairbanks-Morse als gegenläufiger Kolbenmotor mit zwei Kurbelwellen weiterentwickelt wurde. Baldwin und die ALCO bauten (aufgeladene) Viertakt-Motoren. Die American Locomotive Company (ALCO) lieferte schon im Jahre 1924 die erste amerikanische dieselelektrische Lokomotive an die Central Railroad of New Jersey. Baldwin versuchte sich schon frühzeitig mit Viertakt-Reihenmotoren, deren Gehäuse geschweißt war. Dabei wurden Brennstoff-Pumpen und Düsen der Bauarten Bosch oder Bendix-Scintilla in Einzelanordnung verwendet.
Die 1947 gebaute dieselelektrische 3000-PS-Lokomotive des Baumusters Baldwin DR 12-8-30 stellte die damals größte und leistungsstärkste Diesellokomotiveinheit dar. Sie wurde für die damalige Seaboard-Eisenbahn gebaut, hatte die Achsfolge (2'Do) (Do2'), eine Gesamtlänge von 27850 mm, ein Dienstgewicht von etwa 270 Tonnen und eine Höchstgeschwindigkeit von 150 km/h. Jenes schwere Triebfahrzeug besaß außerdem zwei 1500-PS-Viertakt-Dieselmotoren mit Aufladung, zwei Stromerzeuger (jeweils 750 Volt) und acht Fahrmotoren. Die elektrische Ausrüstung lieferte die Westinghouse Electric Corporation (East Pittsburgh), welche in ihren diesbezüglichen Werbeanzeigen mit Stolz auf diese „The world's largest single-body Diesel electric locomotive“ hinwies. Die inzwischen zur größten Lokomotivfabrik der Welt herangewachsenen Werke der General Motors, Electro-Motive Division, hatten damals bereits ihre Standard-Diesellokomotiv-Programme verwirklicht. Doch hatten sie sich auch in Sonderausführungen einen Namen gemacht. So hatten sie beispielsweise vierachsige dieselelektrische Drehgestell-Lokomotiven (1000 PS) für den Verschiebe- und Zubringerdienst entwickelt und gebaut, die mit einem führerstandslosen Zugkraftvermehrer (Booster) der gleichen Achsfolge und Leistung gekuppelt und zusammen in Einmannbedienung gefahren werden konnten. Jenes gekuppelte 2000-PS-Fahrzeug hatte ein Dienst- und Reibungsgewicht von 250 Tonnen!
Was die nordamerikanischen Firmen, darunter General Motors, General Electric, Davenport Locomotive Works, The Whitcomb Locomotive Company, The Atlas Car and Manufacturing Company und die H. K. Porter Company Incorporation an Diesellokomotiven für Industriewerke und Sonderzwecke entwickelten und auch bauten, ist mindestens ebenso so „farbig“ und vielfältig wie wir es aus Mitteleuropa kennen. Man hatte keineswegs einzig allein die Drehgestell-Bauweise und die elektrische Leistungsübertragung verwirklicht. Es wurden auch Kuppelstangenlokomotiven (beispielsweise für die Illinois Power Company), dieselmechanische Kleinlokomotiven mit außen angeordnetem Kettenantrieb (für die UNRRA) oder mit Zahnradgetriebe und Kuppelstangen (für die Hamill Coal Corporation) oder auch dieselhydraulische Lokomotiven (Whitcomb) entwickelt und geliefert. Zahlreiche dieser, für die verschiedensten Spurweiten und Verwendungszwecke gebauten Starrrahmen-Fahrzeuge hatten klobige Barrenrahmenwangen und erlebten nur winzige Auflagen bei Seltenheitswert.
Fairbanks-Morse (Chicago) lieferte im Jahre 1939 die ersten amerikanischen Gegenkolbenmotoren für den Lokomotivantrieb. Nach Ende des Zweiten Weltkrieges baute die gleiche Firma eine 1500-PS-Diesellokomotive mit elektrischer Übertragung, deren Antrieb sozusagen universell für den Verschiebedienst, für den Güter- und Personenzugdienst ausgelegt war. Sie konnte Höchstgeschwindigkeiten von 90 bis 140 km/h erreichen. Jene mit „FM 1500“ bezeichnete „Pionierlokomotive“ war kuppelbar mit drei weiteren gleichen Einheiten. Eine andere, noch stärkere Schwesterlokomotive mit 2000-PS-10-Zylinder-Dieselmotor für Höchstgeschwindigkeiten von 90 bis 200 km/h konnte

sogar — ebenfalls in Viererkombination — als 8000-PS-Maschine regulär eingesetzt werden. Jene gigantische Vierfach-Diesellokomotive stellte damals die größte betriebsbewährte Lokomotivkombination der USA dar. Als dreigliedrige 6000-PS-Einheit wurde sie beispielsweise für den „Olympian Hiawatha“ der Milwaukee-Eisenbahn-Gesellschaft eingesetzt.
In Deutschland konnte man inzwischen mit hydraulischen Strömungsgetrieben 4000-PS-Lokomotiven verwirklichen, die wesentlich leichter als die dieselelektrischen Amerikanerinnen waren. Und einige der auf die Diesel-Elektrik eingeschworenen Bahnverwaltungen der USA interessierten sich für die hydraulische Kraftübertragung. Krauss-Maffei in München konnte schließlich Aufträge der Southern Pacific und der Denver Rio Grande Railroad auf dieselhydraulische 4000-PS-Lokomotiven verbuchen. Probefahrten wurden auf der Semmering-Strecke in Österreich unternommen. Im Jahre 1961 folgte sogar eine Nachbestellung, wenngleich aus vielerlei Gründen jenen deutschen Lokomotiven ein sensationeller Erfolg nicht beschieden war. Die großen USA-Firmen sind inzwischen zu noch stärkeren Lokomotiv-Einheiten (wiederum mit elektrischer Leistungsübertragung) übergegangen. Die Münchener Lokomotiven haben aber als Pioniertaten zweifellos „Lokomotivgeschichte“ gemacht.
Immerhin waren die Amerikaner schon frühzeitig mit Interesse „am Ball“. Entwicklungstechnische Vorarbeiten für Diesellokomotiven begannen schon kurz vor dem Ersten Weltkrieg. Die General Electric Company baute bereits 1924 eine 170-PS-Dieselelektrolok für ihr Werk in Pittsburg. Die Firmen Ingersoll-Rand, General Electric und die ALCO bauten 1925 eine dieselelektrische 300-PS-Lokomotive für den Verschiebedienst. Es folgte eine 600-PS-Lok für die Long-Island-Bahn. Und die erste Großdiesellokomotive mit einem kompressorlosen 1000-PS-Zweitakt-Motor baute Baldwin in Philadelphia mit der Fabriknummer 58501. Sie wurde am 29. Juni 1925 als sechsachsige Drehgestell-Lokomotive mit einem 12-Zylinder-Knudson-Dieselmotor und Westinghouse-Elektrik in Dienst gestellt. Die Diesellokomotiventwicklung hatte danach zahlreiche Ingenieure und Unternehmen auf den Plan gerufen, die es zu erstaunlichen Lieferzahlen und Exporten in alle Erdteile brachten. Der Prüfstand von Fairbanks-Morse in Chicago (Illinois) war derart umfangreich, daß man gleichzeitig Probeläufe von 20 großen Lokomotiv-Dieselmotoren vornehmen konnte. Für die am 14. Juli 1950 planmäßig eingesetzten spanischen TALGO-Züge entwickelte die American Car & Foundry Company (ACF) drei in ihrer Schwerpunktlage außerordentlich abgesenkte Bo'Bo'-Diesellokomotiven mit elektrischer Kraftübertragung. Jede dieser in Schweißbauweise ausgeführten Leichtlokomotiven erhielt zwei Hercules-G.E.-Dieselgeneratorgruppen von je 405 PS. Die Höhe der Lokomotiven betrug lediglich 3650 mm. Die Länge der 61 t schweren Lokomotiven maß nur 13200 mm. Ihre Höchstgeschwindigkeit wurde mit 170 km/h festgelegt. In Zusammenarbeit mit der nordamerikanischen Delaware, Lackawanna and Western Railroad konnten die Lokomotiven mit den ebenfalls von der ACF erstellten (zwei) Zügen auf den Strecken der Region Hoboken, New Jersey (Lackawanna Railroad), erprobt werden. Es handelte sich um insgesamt drei Züge, von denen zwei für die spanische RENFE bestimmt waren. Der erste Zug wurde für Erprobungs- und Demonstrationsfahrten in den Vereinigten Staaten verwendet. Er wurde von der ACF in Zusammenarbeit mit TALGO-Ingenieuren (TALGO = Tren Articulado Ligero Goicoechea Oriol) entworfen und in den Werkstätten „Berwick, Pennsylvania and Wilmington, Delaware Shops“ gebaut. Er wurde gemäß einer Presseinformation vom 21. April 1949 bereits im Jahre 1949 der Öffentlichkeit vorgestellt. Nachdem ein weiterer regelspuriger TALGO-Zug für die Rock Islands Railroad geschaffen wurde, entstand eine interessante weitere Version für die New York,

New Haven and Hartford Railroad mit einer anderen Diesellokomotiv- und Wagen-Laufwerk-Konstruktion, mit der man nicht nur „unidirektional“, sondern in beiden Fahrtrichtungen fahren konnte. Die Spanische Nationalbahn ließ im übrigen ihre, aus den USA bezogenen TALGO-Diesellokomotiven später mit Maybach-Motoren ausrüsten und beschaffte dann für ihre folgenden TALGO-II- und TALGO-III-Züge neue Lokomotiven nach deutschem Muster mit Mekydro-Getriebe und hydrodynamischer Bremse. Den Auftrag vergab man an die Lokomotiv-Export-Union Krupp/Krauss-Maffei. Die jeweiligen Vorauslokomotiven baute Krauss-Maffei in München. Die anderen Einheiten wurden in Lizenz bei Babcock & Wilcox in Bilbao gefertigt.

Nachdem sich Baldwin Lizenzrechte für deutsche Dieselmotoren und Mekydro-Getriebe gesichert hatte, versuchten sich die Nordamerikaner erneut mit Konstruktionen dieselhydraulischer Lokomotiven. Für die New York Central wurde ein Leichtbau-Gliederzug, mit Pullman-Standard, entwickelt, für den die Baldwin-Lima-Hamilton Corporation die berühmten „Xplorer“-Diesellokomotiven entwickelte und baute. Es handelte sich bei diesen für 192 km/h zugelassenen 1000-PS-Diesellokomotiven mit Maybach-Motoren und Mekydro-Getrieben um eine „Kleinstserie“, wobei für den „Xplorer“-Zug jeweils zwei solcher Lokomotiven, eine an der Zugspitze und eine am Zugschluß, eingesetzt wurden. Dabei ging es um B'2'-Drehgestell-Bauarten, von denen eine ganz ähnliche für den Luxuszug „Daniel Webster“ der New York, New Haven and Hartford Railroad geschaffen wurde, bei der ebenfalls das Zweiersystem in der Bespannung praktische Anwendung fand. Und jene „Daniel Webster“-Lokomotiven galten als seltene Zweikraft-Streckenfahrzeuge. Sie hatten nämlich einen elektromotorischen Hilfsantrieb mit Stromabnehmern am Drehgestell zur Fahrt mit dritter Schiene im Stadtgebiet von New York (Abb. 80—82).

Die anderen Leichtbau-Gliederzüge — nach System TALGO — waren der „Aerotrain“ (Baufirmen ACF und G.M.) und der „Jet Rocket“ für die Rock Islands Railroad, wobei eine 1200-PS-Diesellokomotivbauart mit elektrischer Kraftübertragung und der merkwürdigen Achsfolge Bo'1 entwickelt worden war.

Während aber das TALGO-Gliederzugprinzip in den USA keinen publikumswirksamen Durchbruch erzielen konnte, sind in Spanien jene Züge durchaus sehr erfolgreich geworden, wobei man sogar elektrisch fuhr und den Spurwechsel auf schweizerische und französische Strecken — bis nach Genf und Paris — wagte. Mit jenen Spezial-Leichtbaulokomotiven niedriger Höhe und unsymmetrischem Erscheinungsbild vollzog sich in Spanien ein bedeutsamer Übergang von der elektrischen (amerikanischen) zur hydrodynamischen Kraftübertragung für leistungsfähige Diesellokomotiven. Auf dem Weg zur neuzeitlichen Diesellokomotive der Gegenwart wurde zuvor in Nordamerika und in Europa eine kaum mehr überschaubare Entwicklungs- und Erprobungsarbeit geleistet. In den zwanziger und dreißiger Jahren waren relativ einfache dieselelektrische Übertragungsformen (Ingersoll-GE, Baldwin-Knutson) ebenso gefragt wie eine Suche nach vervollkommneten Systemen der Getriebe- und Steuerungstechnik. Wir nennen hier nur noch das Hele-Shaw-Getriebe, das Winterthurer Schneider-Getriebe, die Antriebs- und Kraftübertragungsanlage der von Myron Seiliger vorgeschlagenen 1D2-Lokomotive sowie die Lemp'sche Schaltung und das Gebus-System.

Zum Schluß: Eine Rückschau mit Ausblick

Riesenhafte „Mammut"-Diesellokomotiven sind nicht nur für USA- und UdSSR-Bahnen gebaut worden. Es war vor allem die mitteleuropäische Lokomotivindustrie, die sich um die Entwicklung von Hochleistungs-Motorlokomotiven verdient gemacht hat und entsprechende Entwicklungs- und Lieferverträge abschließen konnte (Abb. 83 bis 88). Es waren aber auch vielerorts die lehrreichen, nicht immer erfolgreichen Umbauten, welche die Konstrukteure auf neue Ideen brachten (Abb. 89 bis 91). Manche Prototyp-Bauart wurde zum „Problemkind" und ausgemustert, oder sie mußte als zeitlich verzögerte Konstruktion zum „Bautermin-Überschreiter" abgestempelt werden (Abb. 92 bis 95). Wir haben bei der Lektüre festgestellt, daß nicht nur die Entwicklungs- und Versuchsabteilungen der zwanziger und dreißiger Jahre unseres Jahrhunderts die interessantesten und risikofreudigsten Erzeugnisse hervorbrachten, sondern daß auch die ersten Jahrzehnte nach dem Zweiten Weltkrieg eine immense Fülle von Tatendrang beim Betreten von Neuland im Diesellokomotivgeschäft erkennen lassen (Abb. 113, 114).

Schließen wir also unsere Schrift mit dem Hinweis darauf, daß es bei unserem unkonventionellen Streifzug durch die konstruktiven und betriebstechnischen Raritäten des Diesellokomotivbaues nicht so sehr auf die chronologische Reihenfolge ankam. Der Verfasser hatte statt dessen seine Zielsetzung in einen bunten Wirbel der Vielfalt konstruktiver und zugleich richtungweisend schöpferischer Ingenieurideen gelegt. Interessante Entwicklungen der letzten Jahrzehnte (Abb. 96 bis 99) wären sicherlich nicht denkbar ohne die nicht in jedem Fall geglückten Motorlokomotiven aus der Zeit zwischen den beiden Weltkriegen (Abb. 100 bis 111). Die Einheits- oder Standard-Typenprogramme haben sich zwar heute weitgehend durchgesetzt. Doch hat sich offenbart, daß auch standardisierte Diesellokomotiven (Abb. 112) wandlungsfähig sein und sogar zur Rarität werden können, zumal man es schon mit Kunststoff-Stirnfronten (V 200 1001 der DR) versucht hat, um nur einmal ein Beispiel zu nennen. Die Turbulenz künftiger Entwicklungen wird sicherlich noch zahlreiche Konstruktionen von Seltenheitswert hervorbringen, die man eines Tages in ein Raritäten-Kabinett wohl einbringen könnte . . .

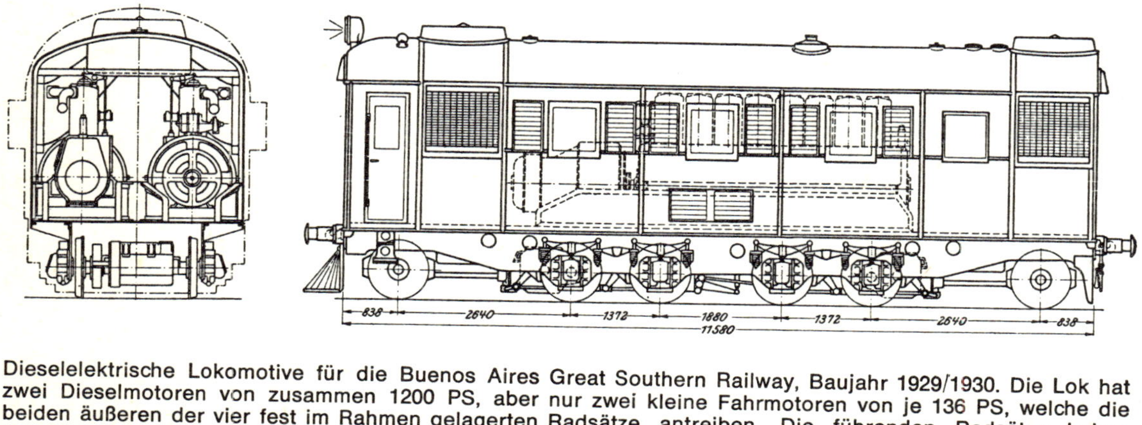

Dieselelektrische Lokomotive für die Buenos Aires Great Southern Railway, Baujahr 1929/1930. Die Lok hat zwei Dieselmotoren von zusammen 1200 PS, aber nur zwei kleine Fahrmotoren von je 136 PS, welche die beiden äußeren der vier fest im Rahmen gelagerten Radsätze antreiben. Die führenden Radsätze haben Deichseln nach Bissel. Die Lok fährt in Triebzügen, wobei jeder Stromerzeuger der Lok unabhängig je einen Elektromotor der fünf Triebwagen und der Lokomotive selbst speist. Die Motoren der Lok sind achtzylindrige Sulzer-Maschinen (Archiv)

Literatur-Hinweise:

— Brown „Der heutige Stand des Diesellokomotivbaues“, Der Ingenieur, 20. 11. 1926
— Brown „Über Diesel-elektrische Lokomotiven im Vollbahnbetrieb — Theorie, Betriebsverhältnisse und Wirtschaftlichkeit“, Waldmann-Verlag, Zürich 1924
— Judtmann „Motorzugförderung auf Schienen“, Julius Springer, Wien 1938
— Lomonossoff „Diesellokomotiven“, VDI-Verlag, Berlin 1929
— Mayer „Diesel-Lokomotiven und Diesel-Triebwagen — Denkschrift zum hundertjährigen Bestehen der Maschinenfabrik Esslingen“, Esslingen 1947
— Eckhardt „Eine neue Diesellokomotiv-Bauart mit hydraulischem Getriebe“, Glasers Annalen (74. Jg.) April 1950
— Lampe, Pflug „Die 1000-PS-Diesellokomotive der DB für leichten Strecken- und schweren Rangierdienst“, Glasers Annalen (76. Jg.) April 1952
— Messerschmidt „Modern Diesel Railway Traction“, ETR Railway Technical Review, Nr. 8, November 1963
— „Sonderheft Diesel-Schienenfahrzeuge“, Zeitschrift ‚Die Bundesbahn‘ (32. Jg.) Dezember 1958
— „Motorzugförderung“, Beiheft 1 der ‚Motortechnischen Zeitschrift MTZ‘, Franckh, Stuttgart 1949
— Reed „Dieselzugförderung in der Welt“, Motortechnische Zeitschrift MTZ (21. Jg.), Juni 1960
— Lampe „Die sechsachsige 3000-PS-Diesel-Lokomotive der Bauart ML 3000“, Motortechnische Zeitschrift MTZ (21. Jg.), Juni 1960
— Haehndel „Motorlokomotiven mit pneumatischer Leistungsübertragung“, Glasers Annalen (75. Jg.), März 1951
— Bredenbreuker, Finsterwalder „Über die Versuchsergebnisse der 2B2-Deutz-Diesellokomotive mit unmittelbarem Antrieb“, Glasers Annalen (75. Jg.), Hefte Jan. u. Feb. 1951
— Langen „Die Diesellokomotive mit unmittelbarem Antrieb“, Forschungsheft 363, VDI-Verlag 1933
— Nordmann „Über Diesellokomotiven unter besonderer Berücksichtigung der Versuchsergebnisse der Diesel-Druckluftlokomotive der Deutschen Reichsbahn“, Glasers Annalen (Band 109), Heft 11, 1. Dez. 1931
— Messerschmidt „Geschichte der italienischen Elektro- und Diesellokomotiven“, Orel Füssli Verlag, Zürich 1969
— Herrmann „Dieseltriebfahrzeuge der Schweizerischen Bundesbahnen“, Technica-Reihe Nr. 7, Birkhäuser, Basel, Stuttgart 1964
— Stockklausner „50 Jahre Diesel-Lokomotiven“, Birkhäuser, Basel, Stuttgart, 1963
— LOK-MAGAZIN, Hefte 1 bis 100
— Schrader „Die Diesellokomotive mit unmittelbarem Antrieb“, Monatsschrift der Internat. Eisenbahn-Kongreß-Vereinigung, Brüssel, August 1938
— Matschoss „Männer der Technik“, VDI-Verlag, Berlin 1925
— VDI-Sonderausgabe „Eisenbahnwesen — Die eisenbahntechnische Tagung und ihre Ausstellungen 1924“, VDI-Verlag, Berlin 1925
— Kunicki „Deutsche Dieseltriebfahrzeuge gestern und heute“, Transpress-Verlag, Ost-Berlin 1966
— Englmann, Ludwig „Handbuch der Dieseltriebfahrzeuge der Deutschen Bundesbahn“, GDL, Frankfurt/Main 1966
— Messerschmidt „Deutsche Diesellokomotiv-Konstruktionen für die spanischen TALGO-Züge“, ETR (15. Jg.), Heft 1/2 — 1966

Firmen-Register zum Textteil

(Die Ziffern nennen die Seitenzahlen)

Tafelteil

Die zahlreichen Fotos des Tafelteiles versetzen den Betrachter in die vielfältigen Gedankengänge der Konstrukteure früherer Jahrzehnte. Das tiefere Eindringen in Theorie und Praxis der Motor-Lokomotive erfordert ein gründliches Studium früherer Fach-Publikationen jener Ingenieure, die damals schöpferisch mitwirkten. So will sowohl unser heutiger Text- als auch der Bildteil lediglich ein Wegweiser in die Vergangenheit sein, um das Verständnis für die Entwicklungsarbeiten an der gegenwärtig recht umstrittenen Diesellokomotive zu wecken.

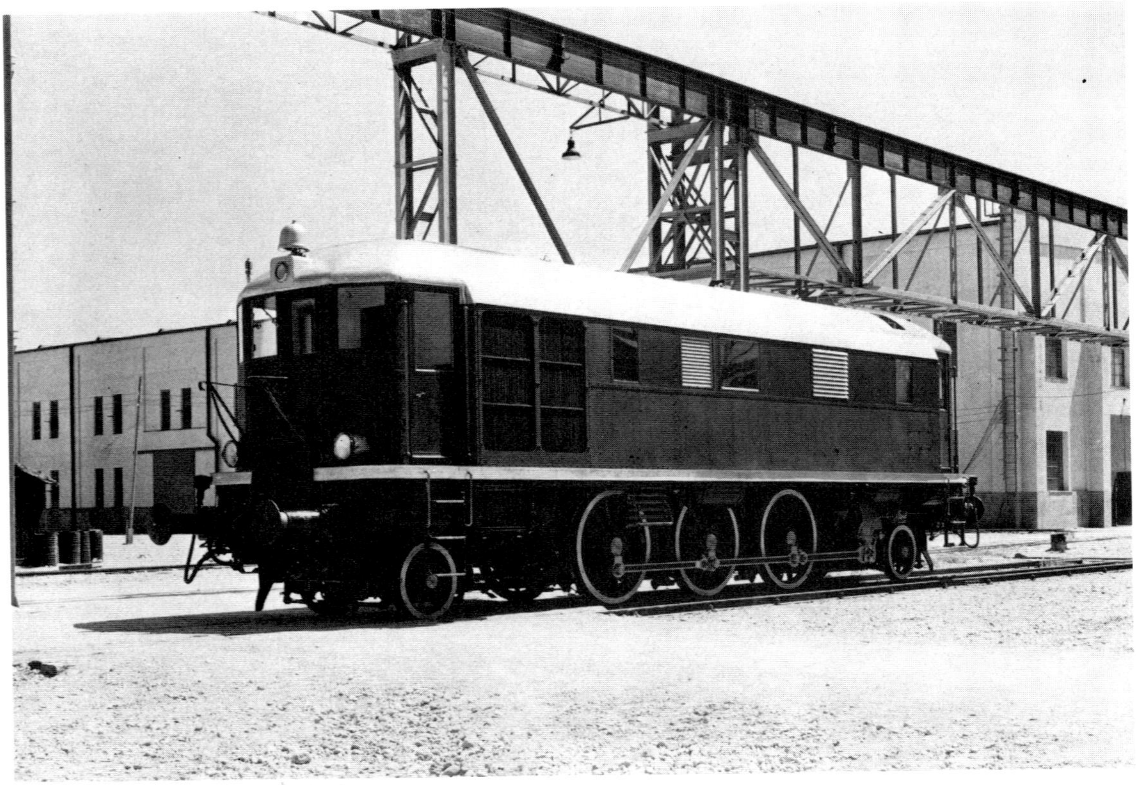

Abb. 1 1′C1′-Diesellokomotive V 16.101 (später V 140 001) der Deutschen Reichsbahn. Die Verwendung eines hydrodynamischen Getriebes bei dieser im Jahre 1935 in Betrieb genommenen 1400-PS-Lokomotive stellte damals eine Pioniertat im Lokomotivbau dar (Foto: Krauss-Maffei)

Abb. 2 Für die norwegische Oslo-Bergen-Bahn entwickelte Krupp diese zweimotorige 1BB1-Diesellokomotive mit hydraulischer Kraftübertragung. Jene mit Strömungsgetrieben der Bauart Lysholm-Krupp ausgerüstete 2000-PS-Lokomotive sehen wir hier im Jahre 1942 auf einem norwegischen Bahnhof in 1200 m Seehöhe (Foto: MAN)

Abb. 3 Eine nach „Deltic"-Vorbild gebaute britische Diesellokomotive mit der Betriebsnummer 9020 der BR vor dem „Flying Scotsman" am 12. 3. 1964 in der Nähe von Peterborough (Foto: British Railways)

Abb. 4 Der „Talisman Train" mit einer 3300-PS-Deltic-Diesellok am 15. 6. 1964 in der Nähe von Brookman's Park (Foto: British Railways)

Abb. 5 Probelokomotive 2097.01 für gemischten Reibungs- und Zahnradbetrieb Eisenerz – Vordernberg in Österreich. Die vierachsige von Simmering-Graz-Pauker gebaute 1250-PS-Lokomotive der Achsfolge D+bz hat ein Zweiwandler-Getriebe für den Reibungs- und ein Einwandler-Getriebe je Fahrtrichtung für den Zahnstangenbetrieb. Fabriknummer der Lok 18 162, Baujahr 1961 (Foto: Reichelt)

Abb. 6 Eine aus einer Dampflokomotive entstandene Diesellokomotive für den Zahnstangenbetrieb auf der schweizerischen Monte-Generoso-Bahn. Diese im Jahre 1955 in Dienst gestellte 800-mm-Spur-Diesellok (Umbau durch Saurer) sehen wir hier in Steilrampenfahrt im Sommer 1961 (Foto: Messerschmidt)

Abb. 7 Eine Einzelgängerin im Spezialdienst: B/a-Diesel-Zahnrad-Lokomotive mit hydrostatischer Kraftübertragung für die Werkbahn der damaligen Fabbrica Macchine S. Andrea (Cantieri Riuniti dell'Adriatico) in Triest, aufgenommen am 1. Oktober 1970 vor dem Lokschuppen des Werkes. Erbauerin der Lok ist Badoni (Fabriknr. 7152), Baujahr 1965 (Foto: Messerschmidt)

Abb. 8 Zweiachsige Badoni-Verschiebelokomotive 215.004 der FS mit hydrostatischer Kraftübertragung am 20. 4. 1970 in Bologna Centrale. Die mit Hydro-Titan-Getriebe ausgestattete 150/300-PS-Lokomotive wurde aus dem Badoni-Programm für die FS konstruktiv abgewandelt. Sie erregte durch ihren niedrigen Beschaffungspreis Mitte der fünfziger Jahre ein gewisses Aufsehen. Die Lok amortisierte sich in weniger als fünf Jahren (Foto: Messerschmidt)

Abb. 9 Die für den Hafenbahnbetrieb bestimmte Diesellok 245.8003 der FS gehört zu den Splittergattungen der Italienischen Staatsbahnen. Jene dieselhydraulische 440-PS-Lok, gebaut 1962 von Jung, war im Hafenbahnhof Genova S.Limbania eingesetzt, wurde jedoch 1978 nach Mailand verkauft. (Foto: Messerschmidt)

Abb. 10 Schlagwettergeschützte 9-PS-Diesellokomotive für den Zubringerdienst im Abbau auf Steinkohlenbergwerken. Die 2,7 t schwere Lok wurde 1954 von der Ruhrthaler Maschinenfabrik mit einem Einzylinder-Daimler-Benz-Viertakt-Motor geliefert (Werkfoto)

Abb. 11 Erste Diesel-Grubenlokomotive mit liegend angeordnetem Ein-Zylinder-28-PS-Motor, geliefert 1927 von Deutz für ein Steinkohlenbergwerk (Foto: Deutz)

Abb. 12 Zweiachsiger Dieselmotor-Traktor mit Kegelradantrieb. Das im Mai 1978 in Offenburg (Baden) fotografierte Triebfahrzeug entstand durch den Umbau aus einem Kranfahrzeug (Foto: Messerschmidt)

Abb. 13 Eine aus den frühen dreißiger Jahren stammende 65-PS-Diesel-Industriebahn-Lokomotive mit MAN-Motor, die seinerzeit für etwa 23 000 Reichsmark „im Handel" war (Foto: Werkbild)

Abb. 14 Eine Ruhrthaler-Klein-Diesellokomotive mit MAN-Motor für den Fernostbedarf der zwanziger und dreißiger Jahre. Jene abgebildete Lok wurde von „C.Illies & Co Sales Agents" in Japan vertrieben. Die Lok, hier noch ohne Kupplungen und ohne Stoßvorrichtungen angeboten, hat Blindwellengetriebe (Werkbild)

Abb. 15 Dieser schmalspurige Zweikuppler mit Rundstahl-Kuppelstangen zeichnet sich durch sehr geringen Radstand aus. Auf Blindwellen wurde verzichtet. Die Industriebahn-Diesellok trägt das Verkaufsschild von „C.Illies & Co, Contractors, Tokio – Osaka“ (Werkbild: MAN)

Abb. 16 Zweiachsige Motor-Kleinlok deutscher Bauart der Werkbahn von SNIA Viscosa, Werk Torviscosa. Die von Greco S.p.A. in Reggio Emilia für den Werkbahnbetrieb „maßgeschneiderte“ Lok sehen wir hier am 30. 9. 1970 in Torviscosa (Foto: Messerschmidt)

Abb. 17 Zweiachsige Stangen-Diesellok einer robusten Kleinpreis-Werkbahn-Konstruktion von Ansaldo für die Zubringerdienste des Werkes Torviscosa der SNIA Viscosa, im Jahre 1970 noch immer im Einsatz (Foto: Messerschmidt)

Abb. 18 Ehemalige Kleinlok 311 238 (Baujahr 1935) der DB, verkauft und abgestellt in Udine im September 1978 (Foto: Messerschmidt)

Abb. 19 Diese zweiachsige Motor-Getriebe-Lokomotive für einen Besteller in Sao Paulo im Jahre 1927 gebaut und 1928 (Fabriknr. 4189) von Esslingen geliefert, war eine Spezialkonstruktion mit Seitenkühler, Blindwellen- und Schlitz-Kuppelstangen-Antrieb (Foto: Esslingen)

Abb. 20 Auf dem Esslinger Rollenprüfstand wurde auch diese Spezialkonstruktion einer zweiachsigen Kuppelstangen-Motorlok, eine Außenrahmen-Bauart, für Sao Paulo im Jahre 1927 geprüft (Foto: Esslingen)

Abb. 21 Dreiachsige dieselelektrische Verschiebelokomotive, in Kooperation entwickelt und geliefert in den dreißiger Jahren nach Rumänien. Die von der MAN und der AEG gebaute Lok hat eine Stundenleistung von 400 PS (Motordrehzahl 900 U/min) und parallel geschaltete Tatzlager-Fahrmotoren (Foto: MAN)

Abb. 22 1′C1′-150-PS-Diesellokomotive für 600 mm Spurweite der Compagnie des Chemins de Fer du Maroc (C.F.M.), gebaut 1928/1929 von Schwartzkopff in Berlin. Jene bemerkenswerte Lok hat Außenrahmen, eine für damalige Diesellokomotiven äußerst seltene Achsfolge und einen Blindwellen-Schrägantrieb (Foto: MAN)

Abb. 23 Blick in den Motorraum der Marokko-Diesellok Nr. I, die erst Anfang der dreißiger Jahre das Berliner Herstellerwerk verließ. Der Blick durch das Führerhaus läßt die Mehrspurweitengleise im Werk Wildau von Schwartzkopff erkennen (Werkbild)

Abb. 24 Zweiachsige dieselmechanische Lokomotive mit Sechszylinder-Motor (390 PS bei 850 U/min), gebaut 1930/31 für 1524 mm Spurweite der Sowjet-Union. Diese Krupp-Lok hat ein pneumatisch betätigtes Vierstufen-Getriebe (Archivbild)

Abb. 25 Eine der wenigen 16 t schweren Ardelt-Motorlokomotiven fand im Jahre 1974 in Italien einen Käufer. Unser Bild zeigt die früher zum DB-Bahnbetriebswerk Hamburg-Altona gehörende Lok abholbereit in Udine (Foto: Messerschmidt)

Abb. 26 Zweiachsige Kleinlokomotive Kö 4050 der Deutschen Reichsbahn, gebaut 1931 von Krauss-Maffei (Fabriknr. 15 333). Die für den leichten Verschiebedienst gedachte Lok hatte eine Plattform, Trittstege mit Handstangen für das Rangierpersonal sowie eine Zusatzkupplung zwischen den Puffern (Werkbild)

Abb. 27 Der erste Diesellokauftrag nach 1945: Drei meterspurige dieselhydraulische 200-PS-Lokomotiven für brasilianische Plantagenbahnen in der Esslinger Lokomotivmontage der Jahre 1950/51. Die mit geschweißtem Rahmen ausgeführten Schmalspurlokomotiven blieben ohne Nachfolgebestellung (Werkbild)

Abb. 28 Dreikuppler-Diesellok mit Strömungsgetriebe für die Industriebahn von Norsk Hydro in Oslo. Die in nur einem Exemplar gebaute und von Esslingen entwickelte 290-PS-Lok erhielt eine „Knüppel-Steuerung in Einhebel-Bedienbarkeit. Fabriknummer 4843, Baujahr 1952 (Foto: Esslingen)

Abb. 29 Dieselelektrische Lokomotiven dieser Bauart stellten die britischen L.M.S. in den Jahren 1938–1941 in Dienst. Sie stammen im Ursprung von Armstrong-Whitworth. Es waren die ersten Standard-Diesellokomotiven der L.M.S. Einige kamen im Zweiten Weltkrieg nach Italien und wurden aus „britischem Nachlaß“ zu einer FS-Splittergattung (Betriebsnummern Ne 700.001 bis 700.004). Unser Foto zeigt die 360-PS-Lok Ne 700.001 am 14. 5. 1969 in S.Giuseppe di Cairo (Foto: Messerschmidt)

Abb. 30 Nur zwei einzelne dieser 450-PS-Dreikuppler-Diesellokomotiven mit Strömungsgetriebe wurden an die Chilenischen Staatsbahnen im Jahre 1955 von Esslingen geliefert. Die nach dem Zeitgeschmack gestalteten Lokomotiven mit Rundumsicht-Führerhausfenstern erhielten keine gleichen Nachfolgerinnen mehr (Foto: Esslingen)

Abb. 31 Meterspurige B-Zweikraft-Arbeitslokomotive Nr. 2010 der Stuttgarter Straßenbahnen AG. Die Lok hat einen 260-kW-Dieselmotor von Klöckner-Humboldt-Deutz und eine elektrische Ausrüstung von Siemens für 600/750 Volt Fahrleitungs-Gleichstromspannung. Die im Mechanteil von Gmeinder hergestellte Lok ist auf 1435 mm umspurbar. Das Triebfahrzeug stellt eine Sonderentwicklung dar. Unser Foto zeigt sie im Jahre 1977 kurze Zeit nach der Lieferung (Werkbild SSB)

Abb. 32 Bo'Bo'-Zweikraftlokomotive für Fahrleitungs- und dieselelektrischen Betrieb, Spurweite 1435 mm, Dienstmasse 80 t, Leistung 600 kW. Die Lok hat einen luftgekühlten Deutz-Dieselmotor. Unser Foto zeigt die von Arn. Jung gelieferte Lok EH 127 einer deutschen Industrie- und Hafenbahn nach ihrer Indienststellung Anfang der sechziger Jahre (Werkbild Jung)

Abb. 33 Dreikuppler-Diesellokomotive Nr. 56 der Werkbahn der Forges et Aciéries Wendel-Sidelor (zuvor U.C.P.M.I.) in der Usine d'Hagondange im Jahre 1959. Diese von der Compagnie des Ateliers et Forge de la Loire (Saint Chamont) im Jahre 1956 vornehmlich für die Beförderung von Gießpfannen und Schlakkenwagen konstruierte Diesel-Getriebe-Lokomotive hat einen MGO-Motor (450 PS) von der Elsässischen Maschinenfabrik SACM (Foto: Messerschmidt)

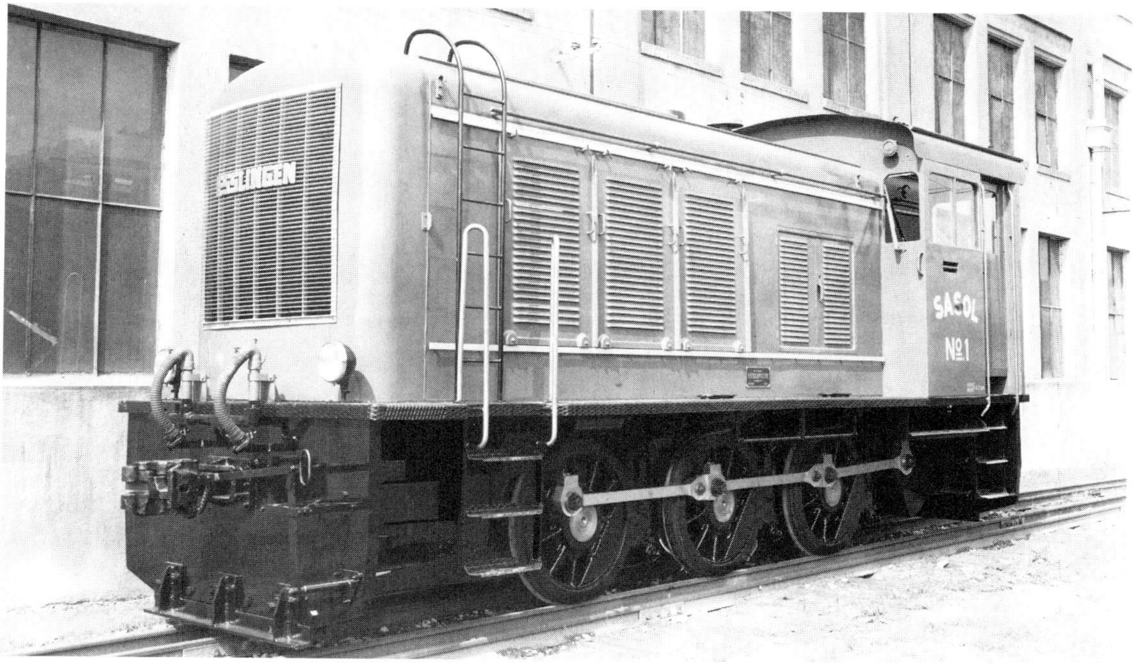

Abb. 34 440-PS-Diesellokomotive für die südafrikanischen SASOL-Werke im Gebiet von Johannesburg. Die kapspurige Lok erhielt ein gemeinsam von der Maschinenfabrik Esslingen und der Zahnräderfabrik Renk entwickeltes Nachschaltgetriebe sowie eine Luftsaugebremse. Das mit Klauenkupplung ausgerüstete Triebfahrzeug wurde 1951 bestellt und 1953 verschifft (Foto: Esslingen)

Abb. 35 Die abgebildete kapspurige Außenrahmen-Stangen-Diesellok stellt einen wandlungsfähigen Sondertyp für die Ausrüstung mit 550- oder 800-PS-Dieselmotor dar. Eine derartige Lok wurde von Krauss-Maffei erstmals in der ersten Hälfte der fünfziger Jahre an das Stahlwerk ISCOR in Südafrika mit der Betriebsnr. D 1 geliefert. Hier sehen wir eine geänderte „YSKOR“-Lokomotive des Jahres 1959 vom gleichen Hersteller. Die Lok hat die Achsfolge D (Foto: Krauss-Maffei)

Abb. 36 Eine für die korsischen Eisenbahnen bestimmte Motorlokomotive von den Ateliers C.F.D., Montmirail (Marne). Wir sehen sie hier am 4. 7. 1972, im Schatten abgestellt, im Bahnhofsgelände von Ajaccio (Foto: Messerschmidt)

Abb. 37 Vierachsige hydromechanische Diesellokomotive 715 001 für die französischen Streitkräfte in Offenburg (Baden). Die von den Ateliers C.F.D gebaute Lok ist auf DB-Strecken zugelassen. Sie hat Drehgestelle mit Kuppelstangenantrieb, zwei 275-PS-Poyaud-Motoren, 55 t Dienstmasse und Schraubenfederung. Die hier im Bahnbetriebswerk Offenburg 1978 fotografierte Lok kann kleinste Gleisbogenhalbmesser von 45 Meter noch befahren (Foto: Messerschmidt)

Abb. 38 Elektronisch geregelte dieselhydraulische Lokomotive der Klöckner-Humboldt-Deutz-Bauart DG 1500 B′B′M für die Dortmunder Eisenbahn GmbH, gebaut in der ersten Hälfte der siebziger Jahre (Foto: KHD)

Abb. 39 Co'Co'-Diesellokomotive Henschel-BBC DE 2500 mit Drehstrom-Technik. Über einen Impulsgeber wird die Leistung des 2500-PS-Dieselmotors dem jeweiligen Bedarf angepaßt oder aber die elektrodynamische Bremse eingeschaltet. Indienststellung der Versuchslokomotive: 1971 (Foto: Thyssen-Henschel)

Abb. 40 Sechsachsige Diesellokomotive DE 2500 (Henschel-BBC) mit Leistungselektronik. Die Energieübertragung vom Generator bis zum Fahrmotor geschieht kontaktlos. Die Drehgestelle sind drehzapfenlos. Versuchsfahrzeug 202 002 des Baujahres 1970. Diese Lok wurde 1977 in eine einmotorige 3'(1'A1')-Lokomotive (Betriebsnr. 1600 P) für das niederländische Gleichstrom-Fahrleitungsnetz umgebaut und dort erprobt. (Foto: Thyssen-Henschel)

Abb. 41 Dieselelektrische Henschel-BBC-Lok mit Leistungs-Elektronik auf der Hannover-Messe, 1973. Das sowohl als BoBo- als auch als CoCo-Lokomotive ausrüstbare „Zukunftsfahrzeug" wurde bei der DB mit Betriebsnummern 202 003/004 auch im Plandienst verwendet (Foto: Messerschmidt)

Abb. 42 1'C1'-Zarlatti-Diesel-Dampflokomotive 910.042 für die Italienischen Staatsbahnen. Erbauerin ist die Zarlatti-Gesellschaft in La Spezia, Baujahr 1927 (Archivbild)

Abb. 43 1′C1′-Diesellokomotive A.2 der Italienischen Staatsbahnen. Von jener bei der Maschinenbau-Gesellschaft Karlsruhe mit hydrostatischer Kraftübertragung hergestellten Lokomotive wurden lediglich drei Einheiten (für Sardinien und für die afrikanischen Kolonien) beschafft (Archivbild)

Abb. 44 Die erste Großdiesellokomotive mit pneumatischer Kraftübertragung: Diesel-Druckluft-Lok V 32 01 (später V 120) der Deutschen Reichsbahn, vorbereitet für die Esslinger Prüfstandversuche (Foto: Esslingen)

Abb. 45 Oben: 2′C2′-Diesel-Druckluftlokomotive V 32 01 der Deutschen Reichsbahn nach der Fertigstellung bei der Maschinenfabrik Esslingen (Werkfoto)

Abb. 46 Unten: Schnappschuß von einer Probefahrt mit der Diesel-Druckluft-Lokomotive V 32 01 der Deutschen Reichsbahn am 9. 12. 1929 im Bahnhof Göppingen. Die Lok trug das Gattungszeichen P 37.18 (Archiv)

V 3201

Abb. 47 2′B2′-Sulzer-Klose-Borsig-Diesellokomotive aus dem Jahre 1912 während einer Versuchsfahrt zwischen Winterthur und Romanshorn. Jene erste betriebstüchtige Diesellokomotive der Welt hatte einen quer zur Fahrtrichtung angeordneten V-förmigen Dieselmotor (Foto: Sulzer)

Abb. 48 Die erste dieselelektrische Lokomotive mit Zweitakt-Motor, gebaut 1924 von Fiat und BBC für die Strade Ferrate del Mediterraneo (Calabro-Lucane) (Foto: BBC)

Abb. 49 Für Prüfstandversuche vorbereitete dieselelektrische 1'Eo1'-Lokomotive der Sowjetischen Eisenbahnen mit 1524-mm-Spur. Die Lok hatte die Esslinger Fabriknr. 4126 (Jahr 1924) (Archiv Messerschmidt)

Abb. 50 Kühltender für die Esslinger 1′Eo1′-Diesellokomotive Nr. 001 der Eisenbahnen der Sowjetunion (Sammlung des Verfassers)

Abb. 51 Aus der Pionierzeit der Diesellokomotive: 2′E1′-Diesel-Getriebe-Lokomotive für die Sowjetunion im Jahre 1926 während einer Probefahrt mit Regelspur-Radsätzen in Opladen (Werkbild Hohenzollern)

Abb. 52 Ein Blick auf die Antriebsgruppe mit Fahrgestell der 2′E1′-Diesellok für die Sowjetischen Eisenbahnen. Montagezustand am 20. 8. 1925 (Werkbild Hohenzollern/Archiv des Verfassers)

Abb. 53 Blick auf das von Krupp entwickelte Stufengetriebe der 2′E1′-Großdiesellokomotive für die Sowjetunion. Montagehalle von Hohenzollern am 8. 9. 1925 (Archivbild des Verfassers)

Abb. 54 2'E1'-Diesellokomotive (spätere Betriebsnr. 005) für die Eisenbahnen der Sowjetunion am 17. 9. 1925 in der Lokomotivfabrik der Hohenzollern AG in Düsseldorf (Werkbild Hohenzollern/Archiv des Verfassers)

Abb. 55 Die 2′E1′-Diesellokomotive Nr. 005 für die Sowjetunion verläßt mit der Aufschrift „Frohe Fahrt" das Fabriktor der Hohenzollern AG in Düsseldorf im Jahre 1926 (Archiv des Verfassers)

Abb. 56 Ehemalige Heeres-Waffenamts-Lokomotive WR 200 B 14 nach einem Umbau im März 1958 bei der Maschinenfabrik Esslingen. Die im Ursprungszustand von Schwartzkopff in Berlin gebaute Lok erhielt eine verstärkte Bremsausrüstung, ausgebohrte Radsatz-Gegengewichte, ein neues Führerhaus sowie wirksamere Bahnräumer. Jene Lok fuhr damals mit der Betriebsnummer 3 bei der Filderbahn in Stuttgart (Foto: Messerschmidt)

Abb. 57 Frühere Heereswaffenamts-Lokomotive WR 360 C 14 mit Betriebsnummer V 36 113 der DB im Sommer 1962 im Ausbesserungswerk Esslingen. Die Lokomotive erhielt einen hochliegenden Führerstand und Sicherheitsfahrschaltung (Sifa) (Foto: Verfasser)

Abb. 58 Diesellokomotive Nr. 2018 der Stadtwerke Frankfurt am Main für den Güterverkehr auf der Strecke Oberursel Bahnhof – Heddernheim. Die im Jahre 1938 von Schwartzkopff gebaute Wehrmachts-Diesellok erhielt in Frankfurt (M) einen Stromabnehmer zur Schaltung von Fahrleitungs-Kontakten (Foto: Stadtwerke Frankfurt am Main)

Abb. 59 Die deutsche Wehrmacht-Diesellok (V 36 der DB) sehen wir hier mit Betriebsnummer L.D.61 bei der Ferrovia Val Seriana (F.V.S.) nach ihrer Ankunft in Bergamo (Italien). Die Lok wurde mit Fabriknr. 55 443 von Deutz gebaut und später bei Klöckner-Humboldt-Deutz für die F.V.S. neu hergerichtet (Archivbild)

Abb. 60 Dieselelektrische Güterzug-Doppellokomotive V 188 002 a/b, geliefert im Zweiten Weltkrieg. Erbauer waren Krupp und Siemens (elektrische Ausrüstung). Unser Bild zeigt die Lok in der Nachkriegszeit neu hergerichtet mit den Aufschriften der DB (Bw Aschaffenburg) (Werkfoto)

Abb. 61 Expreß-Zug-Diesel-Doppellokomotive 262 AD1 (Achsfolge 2′Co2′+2′Co2′) der Paris-Lyon-Mittelmeer-Bahn (PLM) für den Dienst auf der Strecke Paris – Marseille – Nizza. Die installierte Leistung (zweimal zwei Diesel-Generator-Aggregate) betrug 4520 PS. Weitere Daten: Gesamtlänge der Lok rund 33 Meter, Dienstmasse etwa 224 t, Baujahr 1938. Die Baufirmen sind Fives-Lille, MAN und Jeumont (Foto: MAN)

Abb. 62 4400-PS-Diesellok der Rumänischen Staatsbahnen. Diese 1938 von Henschel und Sulzer gebaute Doppellokomotive wurde mit Peyinghaus-Achslagern ausgerüstet (Foto: Sulzer)

Abb. 63 Die 2'Do1'+1'Do2'-Henschel-Sulzer-Doppellokomotive erhielt bei den Rumänischen Staatsbahnen die Bezeichnung DE 2.241 DD2 (Foto: Sulzer)

Abb. 64 Die Ansaldo-Diesellokomotive D 1301.1001 mit unmittelbarem Antrieb, Baujahr 1927 (Archivbild Messerschmidt)

Abb. 65 Ansaldo-Projektstudie für eine 1′D1′-Diesellokomotive D 1411.101 mit direktem Antrieb. Bild aus der Typenreihe verschiedener Entwürfe der Jahre 1929 bis 1932 (Archivbild Messerschmidt)

Abb. 66 2'B2'-Diesellokomotive mit unmittelbarem Antrieb aus dem Jahre 1933. Jene mit einem Dampflokomotiv-Triebwerk ausgestattete Diesellok wurde auch vom Lokomotiv-Versuchsamt der Reichsbahn in Grunewald erprobt (Foto: KHD)

Abb. 67 Die erste Lokomotive der Baureihe V 80 der Deutschen Bundesbahn, hier noch ohne Anschriften. Alle vier Radsätze dieser Drehgestell-Bauart werden über Gelenkwellen angetrieben (Werkfoto)

Abb. 68 Die Lok V 80 001 der DB nach ihrer Ablieferung im Streckendienst vor einem Reisezug (Werkfoto)

Abb. 69 Ausgemusterte ehemalige Bundesbahn-Diesellok 280 007 (V 80 007) abgestellt im italienischen Bahnbetriebswerk Udine im September 1978 (Foto: Messerschmidt)

Abb. 70 Die erste dieselhydraulische 3000-PS-Lokomotive ML 3000 von Krauss-Maffei. Die mit Zwölfzylinder-Maybach-Motoren ausgestattete Lok (zunächst als Baumuster ML 2200) kam mit Betriebsnr. V 300 001 in den Bundesbahndienst. Hier ist die 1957 in Dienst gestellte Einzelgängerin in Villingen zu sehen (Bild: Krauss-Maffei)

Bild 71 Die 3000-PS-Krauss-Maffei-Lokomotive in der Bundesbahnlackierung mit Betriebsnummer V 300 001 (Werkfoto: Krauss-Maffei)

Abb. 72 Die stärkste, im deutschen Bundesbahndienst verwendete dieselhydraulische Lokomotive V 320 001 blieb eine Einzelgängerin (Foto: DB)

Abb. 73 Die sechsachsige Diesellok V 320 001 der DB im Jahre 1968 im harten Winterdienst (Foto: Messerschmidt)

Abb. 74 Die sechsachsige Diesellok V 320 001 (232 001) stand von 1962 bis 1974 im Dienst der Deutschen Bundesbahn. Im Jahre 1976 wurde diese Lok von der Hersfelder Kreisbahn gekauft und daraufhin von der Lieferfirma Thyssen-Henschel in Kassel aufgearbeitet (Foto: DB-Pressedienst)

Abb. 75 Die aus der Typenreihe V 160 der DB hervorgegangene Diesel-Gasturbinen-Lokomotive, Betriebsnummer V 169 001 (219 001) wurde 1965 in Betrieb genommen. Sie wurde nicht mehr nachgebaut (Foto: Messerschmidt)

Abb. 76 Auf der Antriebskonzeption deutscher Bundesbahn-Diesellokomotiven beruhen diese drei C′C′-Lokomotiven DH 27 der Türkischen Staatsbahnen (TCDD) mit zweimal 1350 = 2700 PS Motorenleistung. Jene bei Krauss-Maffei im Jahre 1959 bestellten Lokomotiven galten damals als einzige dieselhydraulische Großlokomotiven mit Zentralführerhaus bei mehr als 2000 PS Motorenleistung (Foto: Krauss-Maffei)

Abb. 77 Die für die nordamerikanische Southern Pacific und für die Denver Rio Grande Railroad gebauten dieselhydraulischen 4000-PS-Lokomotiven mit 22 t Achsfahrmasse stellten zum Zeitpunkt ihrer Lieferung, um 1960, die „leistungsstärksten bisher überhaupt gebauten Diesellokomotiven der Welt“ dar. (Foto: Krauss-Maffei)

Abb. 78 Die Rückseite der „Rio Grande“-Diesellokomotive, auf unserem Bild mit Transport-Kupplungsvorrichtung, im Lieferwerk (Foto: Krauss-Maffei)

Abb. 79 Die von Krauss-Maffei entwickelte USA-Diesellokomotivbauart auf Probe-Last- und Vorführfahrt auf dem Semmering in Österreich im Juli 1961. Daneben steht die ÖBB-Ellok 1010.16 mit einem Reisezug (Werkaufnahme)

Abb. 80 Die in den USA gebaute ACF-TALGO-Lokomotive der Achsfolge Bo′Bo′ erhielt eine als Zwischenglied ausgebildete Ausgleichsvorrichtung, welche die Funktion als Zug- und Stoßvorrichtung wie auch als Auflager des ersten Wagenelementes erfüllt. Die Speziallokomotive wurde 1949 gebaut (Pressebild ACF)

Abb. 81 Mit den B′2′-dieselhydraulischen Lokomotiven für den berühmten „Xplorer"-Zug gelang der Baldwin-Lima-Hamilton-Corporation der Vorstoß zum nordamerikanischen Leichtbau. Allerdings blieb jenen wenigen Diesellokomotiven der große Erfolg versagt. Hier sehen wir eine Ausführung für den Luxuszug „Daniel Webster" der New York, New Haven and Hartford Railroad (Pressebild)

Abb. 82 Das Gesicht der B'2'-Diesellokomotive Nr. 3000 der New York, New Haven and Hartford Railroad. Jene dieselhydraulische Lok hat noch einen zusätzlichen elektrischen Hilfsantrieb für das Fahren mit Fremdstrom-Einspeisung aus der dritten Schiene im New Yorker Stadtgebiet (Foto: Baldwin-Lima-Hamilton)

Abb. 83 Die wohlgeformte Rückansicht der von Krauss-Maffei für die spanische RENFE entwickelten TALGO-III-Lokomotiven mit Scharfenberg-Kupplung (Foto: Kraus-Maffei)

Abb. 84 Scheibenbremse der TALGO-III-Lokomotiven des Krauss-Maffei-Sonderbau-musters ML 2400 B′B′ (Foto: Krauss-Maffei)

Abb. 85 B′B′-TALGO-III-Lokomotive mit hydraulischer Kraftübertragung, gebaut 1964 bei Krauss-Maffei in München, während der Probefahrten auf deutschen Strecken. Motorleistung der Lok: zweimal 1200 = 2400 PS. Höchstgeschwindigkeit: 140 km/h. RENFE-Gattung: 2000 T (Archivbild)

Abb. 86 Die Volksrepublik China bestellte 1970 dreißig dieser schweren Diesellokomotiven bei Henschel. Sie wurden auf der Strecke Kassel – Marburg (Lahn) erprobt. Obwohl es sich um eine bemerkenswert große Stückzahl handelt, sind es Pionierlokomotiven, die in unserer Raritätenschau nicht fehlen sollen, zumal einige dieser Riesenlokomotiven mit 4600 PS, die anderen sogar mit 5400 PS installierter Leistung nach dem chinesischen Hafen Sinkiang verschifft wurden. Unser Bild zeigt eine Lok im Grundanstrich, die andere im fertigen Lack der Eisenbahnen der VR China (Foto: dbp)

Abb. 87 Eine 95 t schwere, sechsachsige dieselelektrische Strecken-Diesellokomotivbauart entwickelte Henschel Mitte der siebziger Jahre auch für die Sudan Railways. Die mit General-Motors-Antriebsanlage ausgestattete Lok hat eine Dauerleistung von 1360 kW und erlaubt eine Höchstgeschwindigkeit von 80 km/h (Foto: Thyssen-Henschel)

Abb. 88 Die dieselelektrische Co'Co'-Lokomotive A 410 der Griechischen Staatsbahn (CEH) wurde von Jung und Siemens gebaut und im Jahre 1967 geliefert. Sie hat 108 t Dienstmasse und eine elektrische Ausrüstung, bei der bereits Halbleiter-Bauelemente verwendet wurden (Foto: Jung)

Abb. 89 Sogar eine Serienlokomotive (1425 PS) kann als Besonderheit gelten: Jene in den fünfziger Jahren von General Motors für Spurweiten von 914 bis 1676 mm entwickelte Bo'Bo'-Lok mit dieselelektrischem Antrieb wurde Mitte der fünfziger Jahre von der Clyde Engineering Corporation in Granville in nur wenigen Einheiten als Klasse 1400 für die Queensland Railways auf deren betriebliche Erfordernisse umkonstruiert und geliefert (Foto: Queensland Railways Brisbane)

Abb. 90 Eine bemerkenswerte Umkonstruktion stellt die am 14. 5. 1969 in Genova PP fotografierte Lok D 143.3016 der FS dar. Die Lok entstand aus einer früheren Whitcomb-Lokomotive Ne 120. Statt zweier dieselelektrischer Antriebs-Aggregate wurde ein einziger Maschinensatz (OM-TIBB 570/630 PS) eingebaut. Die zugehörige Schaltausrüstung wurde derjenigen der EUROFIMA-Diesellokomotiven D 141 der FS angeglichen. Der geglückte Umbau erfolgte 1965 (Foto: Messerschmidt)

Abb. 91 Das ist eine der alten dieselelektrischen Drehgestell-Whitcomb-Lokomotiven Ne 120 033 der FS. Diese in den Jahren 1939–1940 in den USA gebauten 1040-PS-Zweimotoren-Lokomotiven hatten eine Westinghouse-Elektrik und Dieselmotoren des Systems Buda-Lanova. Unser Foto zeigt die Lokomotive in verstärkter Ausführung mit vier Auspuff-Schalldämpfern (Foto: FS)

Abb. 92 Die erste sechsachsige dieselelektrische Co'Co'-Lokomotive Italiens, Betriebsnr. D 461.1001 der FS, entwickelte Fiat in Turin (Abteilung Ing. Santanera) gemeinsam mit Alsthom in Frankreich. Die 1960 gebaute Lok ging im Februar 1961 mit der Fiat-Bezeichnung E 10011 in den Betrieb und blieb Fiat-Eigentum. Diese für 160 km/h Geschwindigkeit gebaute Lok kam dann 1964 zu den FS. Die Lok hatte Mercedes-Benz-Motoren, die bei Fiat im Lizenzbau entstanden. Im Jahre 1978 wurde die Lok ausgemustert. Sie erzielte wegen zahlreicher Störungen nur geringe Laufleistungen (Foto: FS)

Abb. 93 Die dieselhydraulische Erprobungslok D 442.4001 (zuvor D 442.401) der FS, Baujahr 1958, blieb ebenso wie die D 461 der FS und die deutsche V 320 eine Einzelgängerin. Die D 442 wurde als B'B'-Lok von Ansaldo in Genua in Zusammenarbeit mit Maybach entwickelt. Sie hatte ein spezifisches Leistungsgewicht von nur 32 kg/PS. Die Lok wurde nach nur 317 000 km Laufleistung bei den FS 1976 ausgemustert und in Rimini abgestellt (Foto: FS)

Abb. 94 Die von Kolomna entwickelte dieselelektrische Co'Co'-Lok TEP 60 der Eisenbahnen der Sowjetunion sollte im Jahre 1960 erstmals in zehn Erprobungseinheiten geliefert werden. Wegen zahlreicher konstruktiver Probleme erschienen jedoch zunächst nur drei Einheiten. Es waren die ersten sowjetrussischen Lokomotiven mit hydrostatischen Antrieben für die Bordausrüstung. Die Hauptdieselleistung betrug 3000 PS. Die Höchstgeschwindigkeit wurde von 140 auf 160 km/h heraufgesetzt. Gesamtlänge der Lok: 19 250 mm, Reibungsmasse: 126 t (APN-Foto)

Abb. 95 Mit der als Doppellokomotive (Co'Co' + Co'Co') TE 3 der Eisenbahnen der Sowjetunion eingesetzten Bauart wurde ein neuer Zehrzylinder-Zweitakt-Motor mit gegenläufigen Kolben eingeführt. Die 33 940 mm lange Lok hat eine Nennleistung von zweimal 2000 = 4000 PS. Die Erstausführung des Jahres 1933 stammt aus Charkow (Bild: Presseabteilung der Botschaft der UdSSR)

Abb. 96 Dieselelektrische Henschel-BBC-Mehrzweck-Lokomotive Am 6/6 CoCo für die Schweizerischen Bundesbahnen. Die Lok wurde nach den Gesichtspunkten der Drehstromtechnik entworfen (Foto: Thyssen-Henschel)

Abb. 97 Diesellok MBB 1200 N von Orenstein & Koppel für die niederländische Hüttenwerke Hoogovens in Ijmuiden. Diese vierachsige Lok stellt insofern eine Besonderheit dar, als sie zwar als Standardlok entwickelt, jedoch in vielerlei Hinsicht an die Erfordernisse des Bestellers konstruktiv angepaßt wurde. Wir sehen auf dem Foto die Lok mit Endführerständen und hochgefahrenem Triebwerküberbau. Das Fahrzeug kam 1978 in den Dienst (Foto: O & K)

Abb. 98 400-PS-Diesellok mit hydraulischer Kraftübertragung, geliefert von Krauss-Maffei im Jahre 1955 an die Staatsbahnen von Thailand. In Thailand dominierte bis 1955 die elektrische Kraftübertragung. Mit dieser Lokomotivbauart gelang ein Durchbruch zur Hydrodynamik, wenngleich weitere Bestellungen auf sich warten ließen (Foto: Krauss-Maffei)

Abb. 99 1′D-Diesellokomotiven für die Große Seen-Bahn im früheren Belgisch-Kongo. Ursprünglich wurden diese mit 750-PS-Pielstick-Motor und Voith-Getriebe ausgerüsteten Lokomotiven für Meterspur bestellt, dann jedoch in Kapspur geliefert. Die Vorauseinheit kam auf den Esslinger Prüfstand. Erbauer waren in den Jahren 1954/55 die Forges, Usines & Fonderies de et à Haine-Saint-Pierre (Foto: Haine-St.-Pierre)

Abb. 100 Eines der interessantesten Montagehallen-Fotos, der Maschinenfabrik Esslingen. Wir sehen hier um 1929 die 2′C2′-Dieseldruckluftlok V 32 01 der Reichsbahn (links), dahinter den Dieseltriebwagen Mx-401 der UdSSR, in Bildmitte (hinten) und rechts vorn die Bo′Bo′-Diesellokomotiven für die Hafenbahnen von Buenos Aires, dahinter die 1′C1′-Diesellok für die Japanischen Eisenbahnen, im Vordergrund (Mitte) das Triebgestell für den UdSSR-Dieseltriebwagen und die Diesel-Generator-Gruppe für die Hafenbahnlokomotiven – alles Raritäten! (Sammlung des Verfassers)

Abb. 101 Die drei im Jahre 1929 von der Maschinenfabrik Esslingen an die Hafenbahnen von Buenos Aires gelieferten dieselelektrischen 300-PS-Lokomotiven hatten sich jahrzehntelang bis Ende der sechziger Jahre gut bewährt. Hier sehen wir die erste Lok bei einer Werkprobefahrt in Esslingen mit einem Güterzug (Werkbild)

Abb. 102 Dieselelektrische 1′C1′-Kuppelstangenlok mit Achtzylinder-MAN-Motor aus dem Jahre 1929. Diese für die Japanischen Staatsbahnen gelieferte Einmotoren-Lok (600 PS) der Betriebsnr. DC 111 blieb ohne Anschlußauftrag (Foto: Esslingen)

Abb. 103 1′C1′-Diesel-Getriebelokomotive DC 101 für die Japanischen Staatsbahnen, Baujahr 1930, geliefert von Krupp. Die ebenfalls eine Einzelgängerin gebliebene Lok erhielt eine hydraulische Kupplung und ein elektromagnetisches Stufengetriebe (Werkfoto)

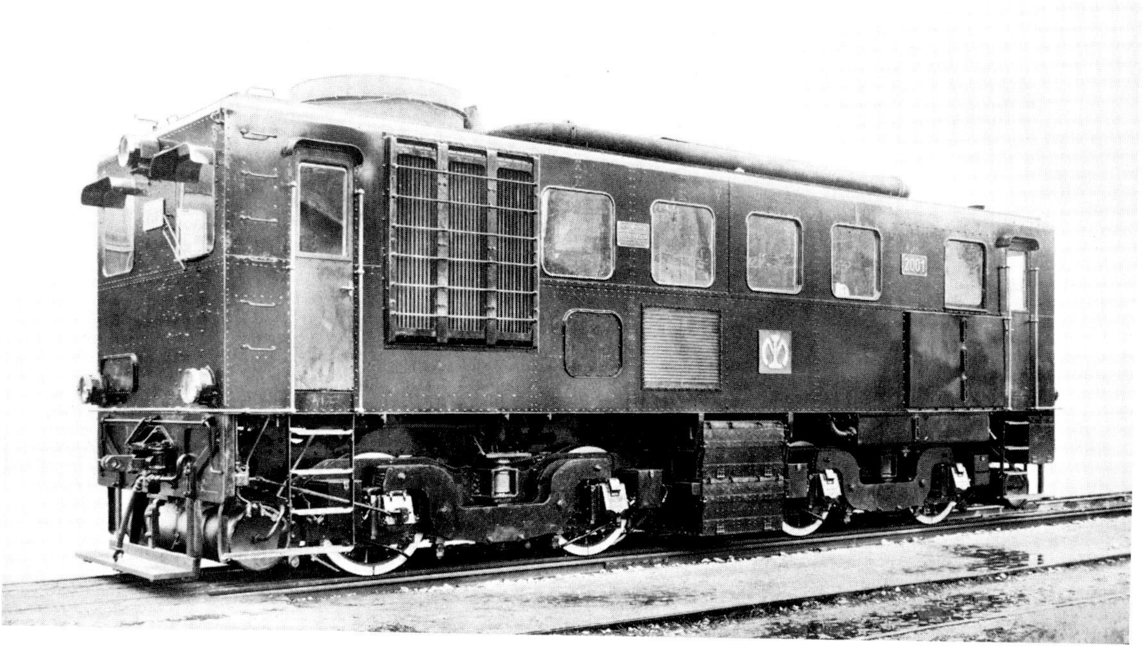

Abb. 104 Die dieselelektrische Bo′Bo′-Lokomotive Nr. 2001 der Südmandschurischen Eisenbahn-Verwaltung hatte einen Siebenzylinder-MAN-Reihenmotor. Die 1931 von Esslingen gelieferte Drehgestell-Lok blieb, ebenso wie die schweizerische Schwesterlok 2000, ohne Serienbau (Foto: Esslingen)

Abb. 105 Diese in der Schweiz im Jahre 1929 in Auftrag gegebene 700-PS-Lok mit elektrischer Kraftübertragung wurde von Sulzer und Oerlikon gebaut. Jene Bo'Bo'-Lok Nr. 2000 für die Südmandschurische Eisenbahn erhielt einen Achtzylinder-Reihenmotor (Archivbild)

Abb. 106 Das war früher eine Dampflokomotive: Die London, Midland & Scottish Railway baute eine alte Dreikuppler-Johnson-Dampf-Tenderlok im Jahre 1931 in eine 400-PS-Diesellok mit Paxman-Motor und hydrostatischer Kraftübertragung (von Haslam & Newton) um. Jene im Verschiebedienst eingesetzte Lok (Nr. 1831) besitzt gekuppelte Radsätze mit Dreieckkuppelrahmen (Foto: LMS/Archiv)

Abb. 107 Dieselelektrische Lok der Cie. Fermière des Chemins de Fer Tunisiens mit 1000 mm Spurweite. Die 39 t schwere Lok hat einen Achtzylinder-Sulzer-Viertakt-Dieselmotor in V-Form mit direkter Einspritzung. Ihre Dauerleistung beträgt 250 PS bei 550 U/min der Motorkurbelwelle. Vier eigenbelüftete Gleichstrom-Fahrmotoren ermöglichen eine Dauerzugkraft von 1520 kg am Radumfang bei 33 km/h. Die für 60 km/h ausgelegte Lok mit BBC-Ausrüstung sehen wir hier im Jahre 1928 im Bahnhof von Tunis (Boto: BBC)

Abb. 108 Eine in Variationen entwickelte dieselmechanische Kleinlokomotive aus der „guten alten Zeit", die ebenso für Baustellendienste als auch für den Klein- und Nebenbahn-Verschiebedienst brauchbar war. Unser Bild zeigt die mit Ballastgewichten nachträglich bestückte Lok (zur Heraufsetzung der Reibungsmasse) im Einsatz auf Sardinien. Hersteller dieser Außenrahmen-Motorlok ist Orenstein & Koppel (Foto: Strade Ferrate Sarde)

Abb. 109 Eine von Deutz im Jahre 1935 gebaute Regelspur-Industriedienst-Verschiebediesellok mit 34 t Dienstmasse. Der 165-PS-Dreikuppler besitzt einen Blindwellenantrieb, dessen Treibstangen bemerkenswerterweise auf den mittleren Kuppelradsatz wirken (Foto: KHD)

Abb. 110 Dieselelektrische 440-PS-Drehgestell-Lokomotive der Ferrovie Calabro-Lucane, eine frühere Pionierkonstruktion mit Zweitakt-Dieselmotor von Fiat. Die elektrische Ausrüstung der 1924 gebauten Lok stammt von BBC, siehe auch Abb. 48 (Foto: BBC)

Abb. 111 Betriebsfertige 1′Eo1′-Diesellokomotive für die Bahnen der Sowjetunion, erste dieselelektrische Lokomotiven großer Leistung, die sich im Dauerbetrieb bewährte (Foto: Esslingen)